大人の男のスーツ図鑑

スーツ向上委員会（編）

CONTENTS

- 003 カラー口絵コレクション
  - 陸裕千景子／橘皆無／神葉理世／みささぎ楓李／鹿谷サナエ／風樹みずき
- 010 世界の3大スーツ

013 第1章 ビジネス
- 015 スーツ・ジャケット
  - シングルブレステッド／ダブルブレステッド／ベント／ラペル（下襟）
  - 胸ポケット／腰ポケット／カフ（袖）／肩／裏地
- 025 ズボン
  - タック／ベルトループ、ベルト／脇ポケット／ヒップポケット／カフ（裾）／フロント
- 031 ワイシャツ
  - 襟／フロント／カフ（袖）／ヨーク、タック、プリーツ／その他のスタイル
- 037 セーター・ベスト・ベスト（ウエストコート）
  - セーター／ベスト／ベスト（ウエストコート）
- 043 コート
  - チェスターフィールドコート／トレンチコート／バルマカーンコート
  - ピーコート／ダッフルコート／ダウンジャケット
- 051 小物類
  - ネクタイ／細部の名称／ネクタイの柄／ネクタイの種類／ネクタイの結び目
  - 靴／紐付き短靴／つま先のデザイン／その他の靴の種類／腕時計／鞄
  - カフリンクス／タイバー／ポケットチーフ／ベルト、サスペンダー
  - 財布、マネークリップ、名刺入れ／メガネ各部の名称／メガネの種類
- 064 ツイードジャケット
- 065 ブレザー
- 066 スーツの柄

069 第2章 フォーマル
- 071 フォーマルスーツ
- 072 ディレクターズスーツ
- 074 モーニングコート
- 076 タキシード
- 078 テイルコート
- 080 フロックコート
- 081 小物類
  - ネクタイ／サスペンダー／カフリンクス／帽子／手袋、靴下、ポケットチーフ／アームバンド、靴

089 第3章 紳士の社交服
- 091 19世紀・英国スタイル
- 097 明治・大正・昭和初期
- 101 王室御用達

105 第4章 マニアック
- 106 スペシャル座談会「ノーネクタイに異議あり！」
- 112 スペシャルコラム
  - 森奈津子「日本男児よ、マフィアに学べ！」
  - 檜原まり子「英国紳士の足元」
- 116 イラストコラム　九州男児／五臓六腑／桜遼／霧野むや子
- 120 特別アンケート企画
  - 「みんなのスーツ♥意識調査」
- 126 魂をくすぐる作品紹介
  - まんが編／小説編／アニメ編／ドラマ・映画編
- 130 お役立ち☆スーツ図解
- 134 用語集

- 014 column01「なぜ人はスーツを愛するのか」
- 070 column02「フォーマルスーツの魅力」
- 090 column03「スーツのダンディズム」
- 067 妄想カタログ 癒し編
- 086 妄想カタログ 情熱編
- ピンナップ……／024／030／036／042／050／085／096／104

Color Illustration: 陸裕千景子 [Rikuyu Chikako]

Color Illustration: 神葉理世 [Rize Shinba]

Color Illustration:鹿谷サナエ[Sanae Rokuya]

スーツ——それは強いられる悦び。

The encyclopedia of sophisticated men's suits

In the world you see through the moe-filter,
a timid greenhorn changes to an ingenuous freshman,
a vulgar boss changes to a wild executive,
and a haughty old man changes to a gentleman with dignity.
It must make your life more thrilling.

世界の3大スーツ

スーツのデザインの基本となる英・米・伊のスーツを紹介！

●Jacket

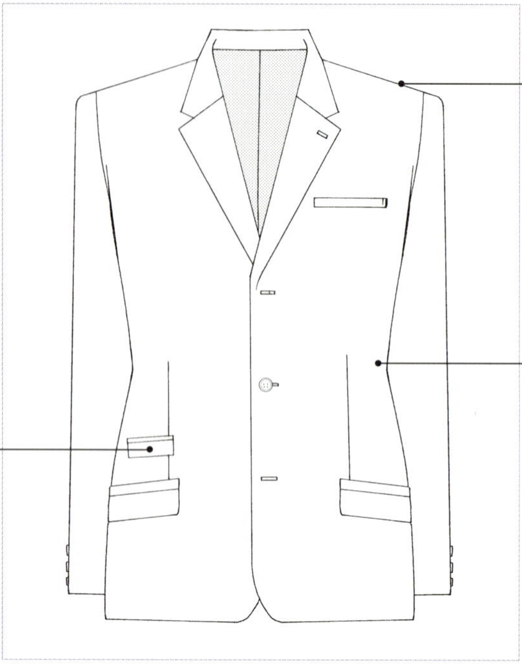

ドロップショルダー

イングリッシュドレープ

チェンジポケット

[British]
ブリティッシュ

●Vent

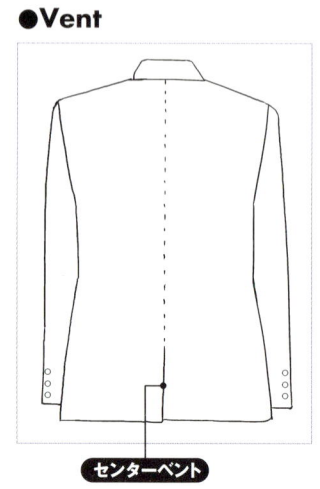

センターベント

スーツの原点・正統派英国スーツ

　スーツ発祥の国といえばイギリスであり、日本語の「背広」の語源がロンドンの「サヴィルロウ」というのも有名な話。

　ブリティッシュスタイルの主な特徴は、きっちり入った肩パッドと、「イングリッシュドレープ」と呼ばれる絞りのきいたウエストライン、「チェンジポケット」と呼ばれる小銭を入れるための小さなポケットが通常の腰ポケットの上につくことなどがあげられる。また、ほどよい長さの着丈も特徴のひとつ。

●Jacket

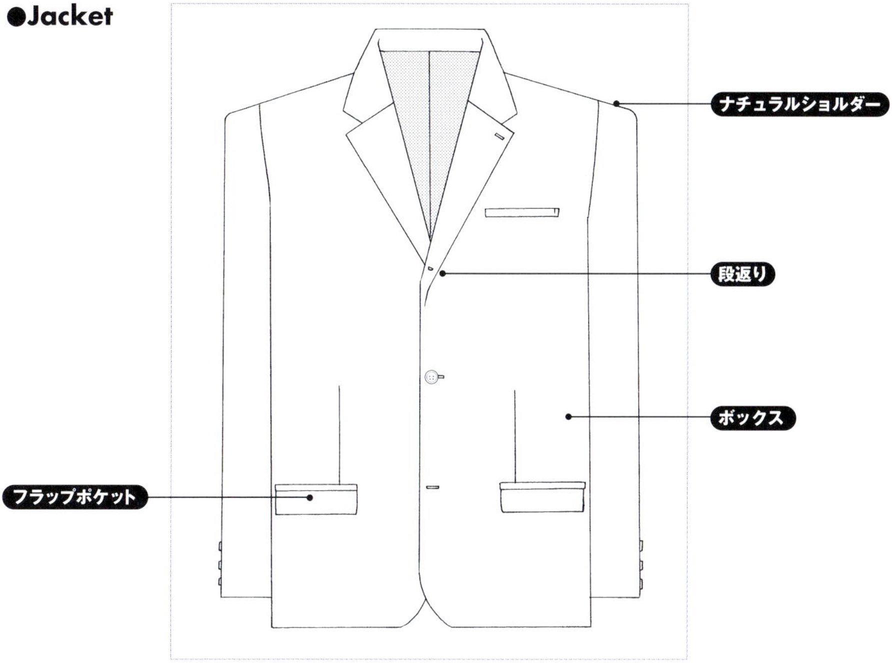

ナチュラルショルダー

段返り

ボックス

フラップポケット

[American Trad]

アメリカントラッド

●Vent

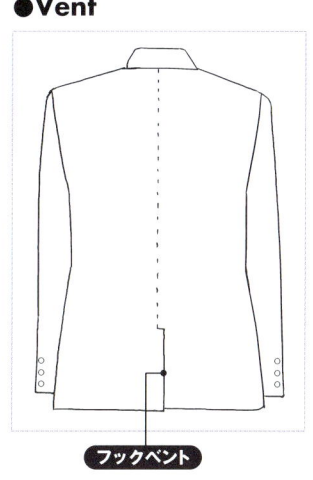

フックベント

機能性を重視した、着る者を選ばないスーツ

　アメリカの伝統的スタイルで、どんな体型の人でも着られるよう、体を包み込むようなデザインが特徴の「アメリカントラッド」。フロントダーツのない直線的なボックスシルエットは、ウエストの絞りがほとんどないため体形を気にせず誰でも楽に着ることができ、シングル3ボタン段返りや、自然な肩のラインを描くナチュラルショルダー、背中のフックベント（またはサイドベンツ）などが特徴。

●Jacket

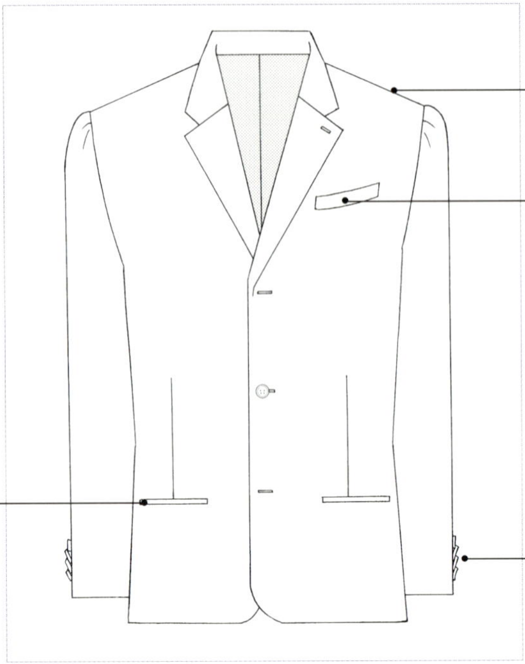

スクエアショルダー

バルカポケット

玉縁ポケット

キッシングボタン

[Classico Italia]　クラシコイタリア

●Vent

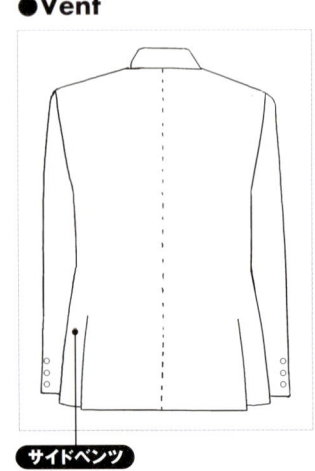

サイドベンツ

職人の技が光るエレガントなスタイル

　エレガントな印象と抜群の着心地を誇るイタリア独自のスタイル「クラシコイタリア」。全体的に細身のシルエットで体にフィットするデザインが多いが、仕立ては体に馴染むようソフトに作られている。クラシコイタリアの特徴は、「いせ込み」という立体的な袖つけによって腕が動かしやすくなっているアームホール、船底のように曲線を描いた胸元の「バルカポケット」や、袖ボタンが重なり合うようにつけられた「キッシングボタン」など。

Business
第1章【ビジネス】

- スーツ・ジャケット……………… P.015
- ズボン…………………………… P.025
- ワイシャツ……………………… P.031
- セーター・ベスト・
  ベスト(ウエストコート)………… P.037
- コート…………………………… P.043
- 小物類…………………………… P.051

なぜ人はスーツを愛するのか

ありがたいことに、日本はスーツ社会です。

道を歩いていても、電車の中でも、学校や職場でも、毎日のようにスーツ姿を拝むことができます。

ところがどうしたことか、世の中にはスーツに無関心な人も、あまつさえ嫌いという人さえいます。

MOTTAINAI!

人は、すぐそばにある幸せには気づかないものなのでしょうか!?

たしかにスーツは、社会に迎合し、組織に従属し、その証として着用してみせる**「無個性」の象徴**とも言えます。や、どうか怒らずに聞いていただきたい。制服でもないのにみんなが同じような格好をし、同じような髪色・髪型をし、派手なアクセサリーは御法度――堅実ですが、確かに地味です。面白みがないと感じてしまうのは仕方がないかもしれません。

しかし! ルールに縛られずに自由奔放に生きていくというのならともかく、もし一人前の男として、社会の一員として振る舞おうとするのなら、フォーマルなスーツに身を包むのはむしろ当然のことです。

それを「つまらない」と断じてしまっていいのでしょうか!?

NO! 断じてNOです。

一見無個性に見えるスーツの裏側には、果てしなき宇宙が広がっているのですから。

さあ、思い出してください。

日本には古来、「敷居をまたげば、男には7人の敵が居る」という言葉がありますね。

つまりスーツとは、**社会という戦場で日々敵と渡り合い、目に見えぬ戦いを繰り広げる男たちの戦闘服**なのです。

従順な態度が要求される場においては、あたかも**迷彩服**のように周囲に埋没してみせ、手ひどいクレームを受けたときには、品よく丁寧にへりくだって相手の寛容を誘い、ときには男の意地とプライドをかけた勝負に出るための**勝負服**に、そしてときには内心を押し殺し、気に入らない相手ともスマートに交渉するための**冷たい仮面**に――。

どうです? これほどにシンプルな服装でありながら、素材や組み合わせ次第でさまざまな使い方ができる、なんとも頼もしい服ではありませんか!?

もちろん、一度戦闘服に袖を通したら、気を抜くことは絶対に許されません。どんなにくつろいだ着こなしをしていても、本当に隙を見せてしまっては**戦士失格**です。

基本的に、首もとはいちばん上までシャツのボタンを留めてガード。袖のボタンもしっかり留めて、軽々しく手首の内側をさらけ出さないよう細心の注意を払っていただきたいもの。ノーネクタイや半袖のワイシャツ姿で戦場を無防備にうろつくなど言語道断です。

「おっと、ズボンのチャックが開けっぱなしだ! まいったねアハハ」などと油断をする人には、味方の流れ弾にでも当たって前線を退いてもらうとしましょう。**戦場をナメてはいけません。**

スーツが戦闘服なら身につけるアイテム類はさしずめ武器弾薬と言えます。いつ、どんな相手に対しても最善の戦いができるよう、靴や鞄、時計などは、自分の手になじんだものをいくつか備えておく必要があるでしょう。その時々にふさわしいアイテムを選ぶことも、ソルジャーのつとめなのです。

――ああ、戦士に栄光あれ!!

スーツの細かな紹介はこの後のページにゆずるとして、我々が本書のタイトルに「大人の男」と謳った理由がこれでおわかりになったでしょうか?

もしそれでもスーツに興味を持てないというスーツ萌え初心者さんには、妄想パワーで補ってみることをお薦めします。

これからは電車の中でもエレベータの中でも、スーツ姿を見つけたら**妄想スイッチ・オン!** 頭からつま先まで、舐め回すように観察しようではありませんか。

フィルターを通してみれば、あのオドオドした青二才も初々しいフレッシュマンに。下品な上司はワイルドなビジネスマンに。横柄なオヤジも貴禄あるオジサマに早変わり。あなたの毎日をより刺激的にしてくれることでしょう。スーツLOVE♥

大人のオトコの基本形

Suit, Jacket
スーツ・ジャケット

スーツスタイルはどれも同じと思ったら大間違い。
ポケットやボタンの数など、微妙なデザインの違いで、
ガラリと印象の変わる「ジャケット」を大紹介!

Single Breasted
シングルブレステッド

　前身ごろのボタンの合わせが1列のジャケットを「シングルブレステッド」(俗に「シングル」、「片前」)といい、ボタンの数は2個か3個が一般的。ボタンの数にかかわらず、いちばん下のボタンは外して着用するのが正式とされる。

　基本となるスーツのラインは、体のラインに忠実で、シェイプを効かせたウエストライン(イングリッシュドレープ)が特徴の「ブリティッシュスタイル／英国系」、絞り込んだウエストをはじめ、全体的にやや細身で華やかな印象を与える「クラシコイタリア／イタリア系」、アメリカの伝統的エリート学生に好まれ、動きやすさと機能性を追求した「アメリカントラッド／米国系」の3つに大きく分けられる。

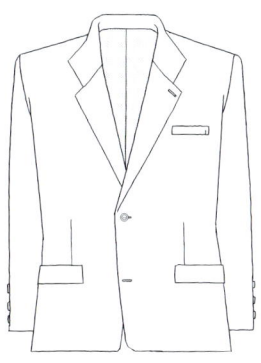

■2ボタン1掛け
2つのボタンのうち、上のボタンだけを掛ける。3ボタン中掛けと並び一般的。

■3ボタン2掛け
3個のボタンのうち、最上部と真ん中の2つのボタンを掛けるスタイル。

■3ボタン中掛け
3個のボタンのうち、真ん中のボタンだけを掛けるスタイル。2ボタン1掛けとともに一般的。

■4ボタン3掛け
4ボタンのスタイルはあまり見かけないが、4個のボタンのうち、最上部から3個ボタンを掛ける。

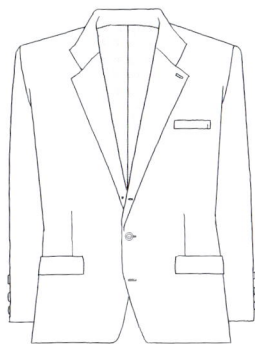

■3ボタン 中掛け段返り
一見すると2ボタンに見えるが、最上部のボタンは見えないだけ。3個あるボタンのうち、真ん中のボタンだけを掛ける。

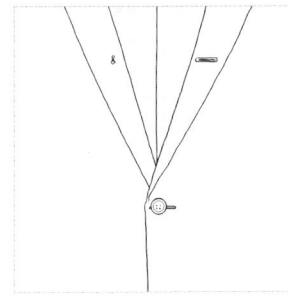

Point

■「段返り」とは？
最上部のボタンとボタンホールが隠れるほど反り返っているラペル（下襟）のこと。現在は3ボタン段返りが主流。

Chapter.1 Business

Double Breasted
ダブルブレステッド

前身ごろのボタンが2列のジャケットを「ダブルブレステッド」(俗に「ダブル」、「両前」)という。ボタンの数は4個か6個が一般的で、左右2列のボタンがVの字に並んだスタイルを「スプレッドアウト」、並列に並んでいるスタイルを「オールインライン」という。ボタンの数の多さやピークドラペル(剣襟)の形など、デザイン的に華やか。

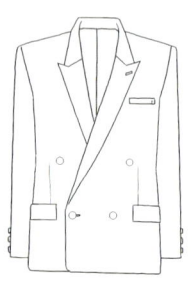

■ **4ボタン1掛け**
左右2個ずつ、合計4個のボタンがつき、下のボタンだけを掛けるスタイル。

■ **4ボタン2掛け**
4ボタン1掛けと似ているが、合わせのボタンを2個とも掛けるスタイル。

■ **6ボタン1掛け**
左右3個ずつ、合計6個のボタンがつき、いちばん下のボタンだけを掛けるスタイル。

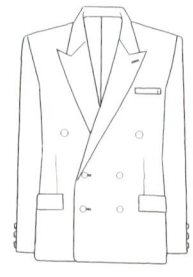

■ **6ボタン2掛け**
ダブルブレステッドの中でも、いちばんドレッシーに見えるスタイル。

Other

- ■ **6ボタン3掛け**／左右3個ずつのボタンが並列に並び、合わせのボタンを3個とも掛けるスタイル。
- ■ **その他**／ダブルブレステッドは4ボタンと6ボタンが主流だが、8ボタン(ボタンの数が左右4個ずつ)というものもある。

Bent

ベント

　上衣の後ろ身ごろの裾に入れられた切れ込み（スリット）のこと。背中の真ん中や両脇の裾に入る。本来は乗馬服のデザインで、それまでのデザインでは乗馬の際に着回しが悪く不便ということから、切れ込みが入れられた。別名「馬乗り」とも呼ばれる。
　クラシックなスーツは「ノーベント」が基本。パーティーにはノーベントでのぞんでほしい。

■センターベント
後ろ身ごろ中央の縫い目の裾に、1本だけ切れ込みが入れられたもの。

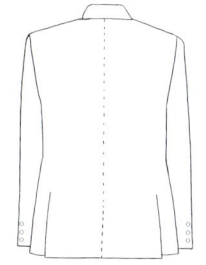

■サイドベンツ
両脇の裾に切れ込みを入れたもの。「剣吊り（けんつり）」とも呼ばれる。

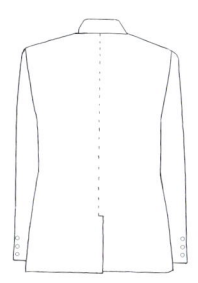

■フックベント
センターベントの上部を鉤（カギ）型にしたもの。「鉤型ベンツ」とも呼ばれる。

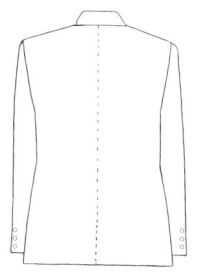

■ノーベント
ベントのないもの。クラシックスーツの基本型。

Point

■シルエット／サイドベンツは動きの自由度が高く、ポケットに手を入れてもお尻が見えることもなく後ろ姿が様になる。センターベントはすっきりとしたシルエットだが、ポケットに手を入れたときにお尻が見えてしまうのが難点。

Lapel

ラペル（下襟）

　ラペルとはジャケットの下襟部分のことで、上襟は「カラー」という。もっとも一般的な「ノッチドラペル」、下襟が剣のような形をした「ピークドラペル」、ノッチドラペルの下襟の角度を少し上げた「セミノッチドラペル」などがある。ラペルに開けられた小さな穴を「ラペルホール」または「フラワーホール」と呼び、所属する組織のバッチや、花を飾ることも。

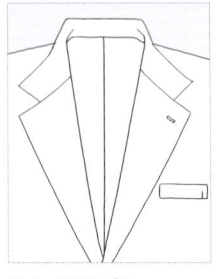

■ノッチドラペル

オーソドックスな襟型で「菱襟」とも呼ばれる。「ノッチ」とは刻み目のこと。

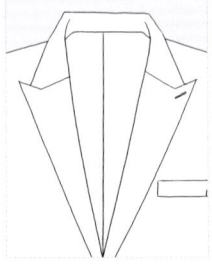

■ピークドラペル

「剣襟」とも呼ばれ、下襟の角度は上向き。ダブルに多用される。

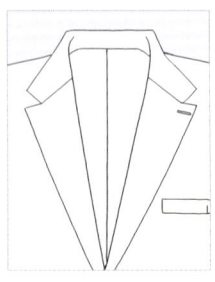

■セミノッチドラペル

ノッチドラペルの下襟の角度を少し上げたもの。

Other

■フィッシュマウス／ラペルの先端が丸くカットされたもの。魚の口に似ていることが名前の由来。

Breast Pocket

胸ポケット

メンズの胸ポケットの総称を「ブレストポケット」と呼ぶ。ちなみに、レディースは「チェストポケット」。

ポケットは生地に切れ込みを入れた「切りポケット」と、同じ生地を貼りつけた「貼りつけポケット」に大きく分けられ、形や大きさ次第で印象がガラリと変わる。「物入れ」というより飾りとしての要素が高い。ポケットチーフなどを挿すとよりドレッシーに。貼りつけポケットは切りポケットに比べ、カジュアル度が高い。

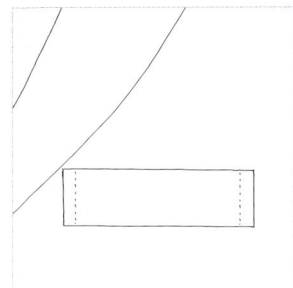

■**箱ポケット**
オーソドックスなポケットで、帯状の切りポケットの一種。「ウェルトポケット」とも呼ばれる。

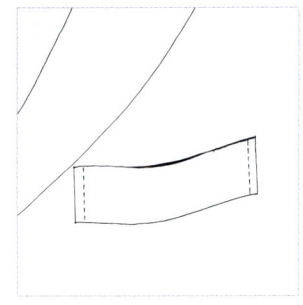

■**バルカポケット**
ポケットの底が傾斜して、船底のようにカーブを描いたポケットのこと。立体的なシルエットを見せる。

Other

■**パッチポケット**／布を貼りつけたポケットの一種。貼りつけポケットにフラップを組み合わせた「パッチ＆フラップポケット」などもある。

Waist Pocket

腰ポケット

胸ポケットとスタイルは同じで、切りポケットと貼りつけポケットがある。フラップのついたものが一般的だが、フラップなしのものが由緒正しいスタイル。右図のほかに、切りポケットにはポケットを斜めにつけた「スラントポケット」、貼りつけポケットには「アウトポケット」などがある。

アウトポケットはジャケットと同じ生地を上から貼りつけてポケットにしているため、入れた物の形が浮き上がり、悪目立ちしてしまうという難点も。

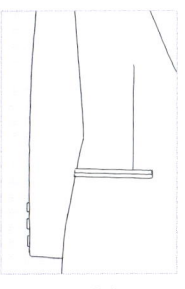

■**パイピングポケット**
ポケットの口（縁）を別布で縁取ったポケット。「玉縁ポケット」とも呼ばれる。正統派のスタイル。

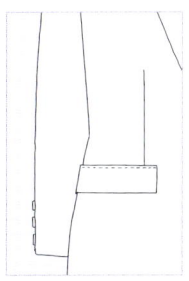

■**フラップポケット**
切りポケットにフタがついたもの。雨を防ぐためにつけられたことから、「雨蓋ポケット」とも。

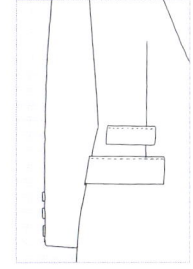

■**チェンジポケット**
腰ポケットの上についた小さなポケットのこと。名前の「change」は小銭を意味している。

Point

■**ポケットの雑学**／シルエットの崩れを防ぐため、腰ポケットにはあまり物は入れないほうがよい。物を入れる場合はジャケットの内ポケットに入れるのがオススメ。

Cuffs

カフ（袖）

ボタン数・素材

　袖口のボタンの数に決まりはないが、ビジネス用スーツの場合は3、4個、そしてカジュアル度の高いジャケットには2、3個というのが一般的。
　ビジネス用スーツに使われるボタンの素材はプラスチックがほとんどだが、水牛の角で作られたものや、貝・革・メタル・べっ甲など、さまざまな種類がある。フォーマルなスーツになると、ボタンをスーツと同じ布で包む「くるみボタン」の使用度が高い。

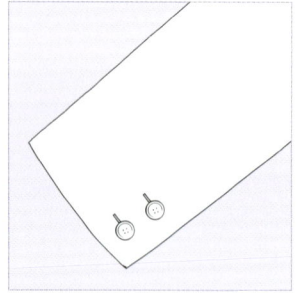

■2ボタン
カジュアル度の高い2ボタン。

■3ボタン
3個以上になるとビジネスシーンでの使用度が高くなる。

開き

　ジャケットの袖口の開きは、実際に袖のボタンを外して開閉のできる「本切羽」と、ボタンはついているものの、実際には開かない「開き見せ」のふたつがある。本切羽の場合、ボタンを留める数に決まりはないが、すべて外してしまうとだらしなく見えるため、外す場合は1個〜2個がよい。ちなみに本切羽は、医師が仕事をしやすいように袖をまくり上げていたことから「ドクターズカフ」とも呼ばれる。袖口から見えるワイシャツや時計との相性もチェックされやすいところ。

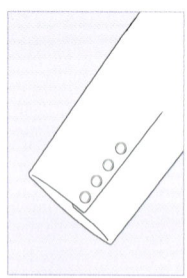

■開き見せ
袖口にボタンはついているが実際には開かず、装飾的な仕様。

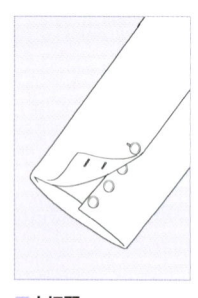

■本切羽
実際に袖ボタンの開閉をすることができる仕様。

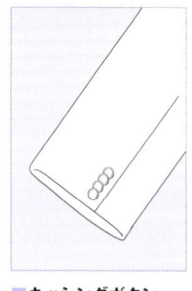

■キッシングボタン
ボタンの付け方の名称。ボタンが少しずつ重なり合っている。

Point

■**キッシングボタン**／クラシックなイタリアのスーツに多くみられるボタンのつけ方。ボタンの取りつけに高度な技術を必要とする。

■**ボタンの雑学**／一般的なスーツの場合ボタンの数に決まりはないが、フォーマルスーツの場合は4個が基本となっている。

Shoulder
肩

スーツを着用する際、全体のシルエットに大きく影響を及ぼすショルダー（肩）ライン。そのため、フィッティング時に最初に合わせるのが、このショルダー部分である。

通常の肩線よりも袖付け部分が落ちている「ドロップショルダー」や、首の付け根から肩の先端まで少し反り上がったラインの「コンケーブドショルダー」、パッドがないか、少ししか入っていない「ナチュラルショルダー」など、種類はさまざま。

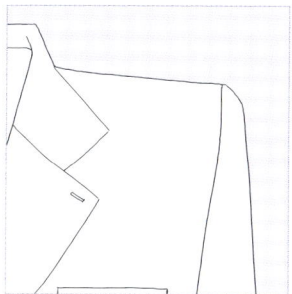

■**スクエアショルダー**
全体的に角張って、肩先が持ち上がって見えるライン。イギリス製のスーツに多く見られる。

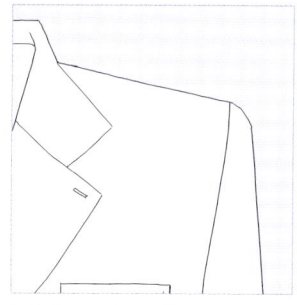

■**ナチュラルショルダー**
パットがないか、あっても少ししか入っていないため、肩の線に沿って自然なラインが出る。

Point

■**ショルダーライン**／ナチュラルなラインはアメリカントラッドに多く見られ、スクエアなラインはブリティッシュ、立体的なラインはイタリアン……と、大きく分けることができる。

Lining
裏地

ジャケットの内側に裏地をつけることによって、保温効果や吸汗効果を高めることができる。裏地の仕立ては「総裏仕立て」「背抜き仕立て」「半裏仕立て」の3種類が代表的。

一般的にはグレーや紺などの無地が多いが、オーダースーツで「見えない部分のお洒落」にこだわりたい場合は、チェックやストライプなど柄素材を使用したり、生地に刺繍を入れたり、生地の色も赤や紫など好みの色にすることが可能。

■**総裏仕立て**
ジャケット内側の裏側全面に裏地がついたもの。全面に裏地がつくことで保温効果が高まるため、冬は重宝する。

■**半裏仕立て**
ジャケット内側の見えやすい箇所にだけ裏地がついたもの。軽量で通気性がよく、夏物に多い。

■**大見返し**
ジャケット内側の前身ごろの裏まで裏地で仕立てたもの。多くの生地を必要とする仕様のため、生地によっては重くなる。

■**背抜き仕立て**
ジャケット内側の背中部分の裏地をなくし、背部分の上3分の1程度に裏地をつけたもの。通気性がよく、オールシーズンに対応。

■**観音仕立て**
ジャケットの内側の肩部分にだけ裏地をつけた背抜き仕立てのひとつ。動きやすい仕様。

Other

■**素材**／裏地の素材は高級なものではシルクが使われるが、一般的にはキュプラやポリエステル素材が多い。

ラインの美しさに魅せられる

Pants
ズボン

思わず目を惹かれる、引き締まった腰とお尻に、ほどよく筋肉のついた長い足。スーツスタイル全体のシルエットを左右する「ズボン」に大注目！

Pants
ズボン

　スーツと対になるズボンは、ジャケットを合わせた時の全体のシルエットに関わる大切なパーツ。腰回りのタックの本数や向き、裾の折り返しや脚の中心を走る折り目など、全体の印象を左右する要素が多い。良いズボンは、見た目の美しさと履き心地で選ぶのがポイント。

　ちなみに、「パンツ」はアメリカで用いられる言葉で、イギリスでは「トラウザーズ」と呼ぶ。日本では「パンツ」または「ズボン」が一般的だが、年配の人では「スラックス」と呼ぶ人も。

　ズボンの裾が短かすぎたり、センタープリーツがヨレていたりすると、かなりカッコ悪いので、気をつけてもらわないとね！

Tuck
タック

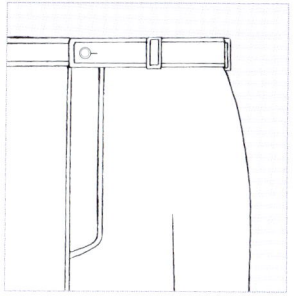

■ノータック
腰回りに余裕をもたせる左右のヒダがないもの。タックを入れると太もも部分が太くなるため、細身が好みの人にオススメ。

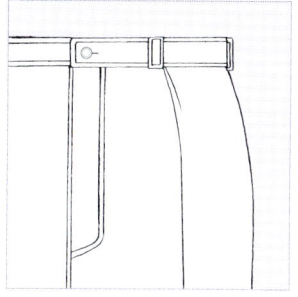

■ワンタック
左右の腰回りに、タックが1本ずつ入ったもの。ノータックよりも太もも部分に余裕がでる。ノータックと共に、現在の主流。

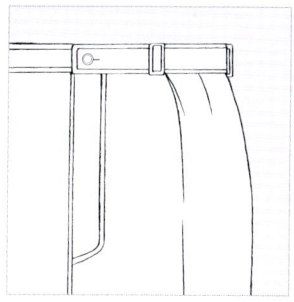

■ツータック
左右の腰回りに、タックが2本ずつ入ったもの。ワンタック以上に腰回りに余裕が出るが、そのぶん腰回りと太ももが太くなる。

Belt Loop&Belt
ベルトループ、ベルト

ベルトループ
腰回りに縫いつけられた、ベルトを通すための輪っかのこと。ベルトループの型や、縫いつけられた輪っかの本数など、種類もさまざま。ズボンの中にはベルトループのないものもあり、フォーマルのズボンには基本的にベルトループはつかず、サスペンダーでズボンを吊るのが基本となっている。ちなみに20世紀初頭まではサスペンダーが主流だった。

ベルト
ズボンがずり下がらないように胴に固定するためのバンド。ネクタイや靴と並び、スーツでできる数少ないお洒落のためのアクセサリーのひとつでもある。ベルトを選ぶ際は靴の色と揃えるのが基本で、幅もズボンのベルトループの4分の3くらいのものがベスト。素材は牛や馬の革が無難だが、場面によってはワニやトカゲなどの革素材も用いられる。

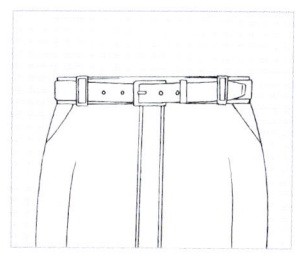

Point

■**ベルトの素材**／個性が主張できるベルトだが、TPOに合わせた素材を選ぶことが大切。たとえばお通夜などにワニ革などのベルトをつけていくなど、絶対にNG。

Side Pocket

脇ポケット

　ズボンの脇についたポケットを「脇ポケット（サイドポケット）」と呼ぶ。サイドシーム（パンツの脇の縫い目線）に沿って垂直につけられたものを「バーティカルポケット」、サイドシームから垂直にL字型になった「Lポケット」、斜めに切られた「スラントポケット」などがある。主流は斜め切りのスラントポケットだが、座ったときにポケットの中身が見えてしまうという難点も。

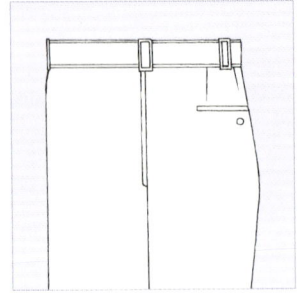

■ バーティカルポケット

「バーティカル」は垂直の意味で、切り口がサイドシームに沿って垂直になったポケットのこと。

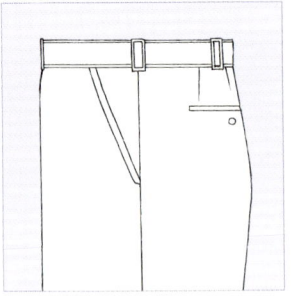

■ スラントポケット

切り口が斜めになったポケット。ポケットが斜めについているため、手を入れやすい形状。

Point

■ ポケットの雑学／バーティカルやスラントが一般的だが、横一直線の形をした「ホリゾンタルスタイル」といった変わり種もある。

Hip Pocket

ヒップポケット

　ズボンのお尻につくポケットを「ヒップポケット」と呼ぶ。ビジネス仕様のズボンでは、左フタなしボタン留め（左フタなしといっても、左右ともフタはつかず、左側だけボタンで留める）の形が基本となる。片方だけ、または両方にフタをつけることで、カジュアル度が高くなる。シルエットが崩れるのでポケットには物は入れず、入れたとしてもハンカチ程度で。

■ フタなしポケット

ビジネス仕様のヒップポケットの標準型。

■ フタつきポケット

ビジネス仕様でも、カジュアル度が高め。

Point

■ ポケットの雑学／オーダースーツになると、パンツの内側にあるポケットの袋を敢えてつけないこともできる。この場合、外側のポケットは見せかけのものとなる。

Cuffs

カフ（裾）

ズボンの折り返しは、ズボンや靴とのバランス、スーツスタイルによって変化する。しかし、元々は折り返しのない「シングルカフ」が正式で、テイルコートやタキシードなどのフォーマルなスーツには、折り返しはついていない。

また、ダブルカフの歴史は浅く、20世紀初頭に偶然から登場したといわれる。一説には、ある英国の紳士が雨の日にズボンの裾が濡れるのを嫌い、裾を折り曲げ、それが定着した……と伝えられている。

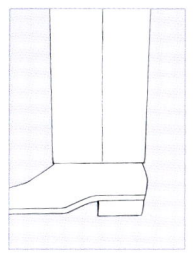

■ **シングルカフ**

ダブルカフスが登場するまでは、ズボンの裾はシングルカフのみだった。裾の折り返しがないものを指す。

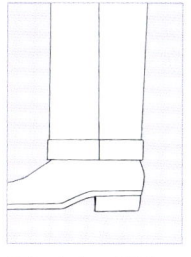

■ **ターンナップカフ**

ズボンの裾が折り返された裾。「ターンナップ」は主にイギリス的な呼称で、アメリカでは「ダブルカフス」と呼ばれる。

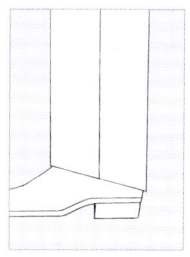

■ **モーニングカット**

パンツの裾が後ろ斜め下に1.5～2cm程度傾斜したもの。モーニングコートのズボンがこの形であることから、こう呼ばれている。

Front

フロント

ズボンのフロントの種類はファスナーとボタンの2種類がある。現在の主流はファスナーだが、ファスナーが発明される19世紀末までは、ボタンで留めていた。ファスナーの名称はイギリス式に「スライドファスナー」が正式。どんなにステキにスーツを着こなしていてもフロントが開いていたらすべて台無しなので、くれぐれもご注意を。

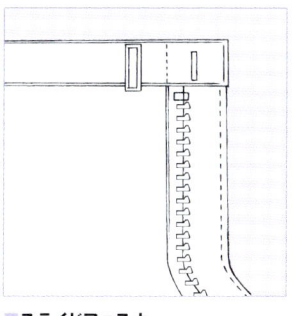

■ **スライドファスナー**

ズボンのフロントに、互いにかみ合う歯を組み合わせ、金具を滑らせて開閉する。

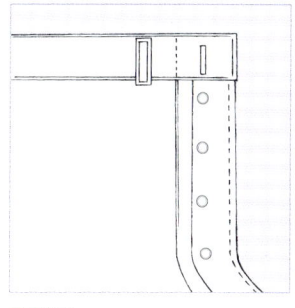

■ **ボタン**

ズボンのフロントをボタンにしたもの。ファスナーに比べて開閉に手間がかかる。

オトコの肌着、お洒落の原点

Dress shirt
ワイシャツ

オトコのワイシャツ姿には、そこはかとない色気が漂う。
カラーやボタン、色や素材など、
バリエーション豊かな
「ワイシャツ」の魅力とは！？

Collar
襟

　スーツスタイルのVゾーンは、装飾品をつけることがほとんどできない男性が、お洒落と個性を主張できる重要な部分。ワイシャツ(アメリカでは「ドレスシャツ」、イギリスでは「ホワイトシャツ」)の襟の形によって、ネクタイや結び方を使い分けることが大人の嗜み。

　襟の形状はさまざまで、フォーマルからビジネスシーンまで対応できる「レギュラーカラー」、ウィンザーノット(ネクタイの結び目)がいちばん似合う「ワイドカラー」、アメリカントラッドのスタイルだけでなく、ノーネクタイでも様になる「ボタンダウン」など種類が豊富。クールビズではカラーの形を慎重に選びたい。カラーの形によってはスタイルがキマらないのはもちろん、女性からの冷たい視線も覚悟しておいたほうがよいだろう。

■ **レギュラーカラー**
いちばんオーソドックスなスタイル。その時代の最も標準的な襟型を指し、時代ごとに多少の変化がある。もっとも無難なタイプのワイシャツといえる。

■ **ワイドスプレッドカラー**
襟の開きが100〜120度前後で、イギリスのウィンザー公が愛用したことから、「ウィンザーカラー」とも呼ばれる。ネクタイのウィンザーノットに似合う襟。

■ **ボタンダウンカラー**
襟の先にボタンがついたカラー。ポロの競技中に襟がばたつかないようにボタンで押さえたのがはじまり。エレガントな装いには不向きだが、カジュアルには最適。

■ **タブカラー**
襟の先（剣先）にタブ（つまみや垂れひも）がつき、それを襟元のボタンに引っかけて留めることで、ネクタイの結び目が押し上げられ、結び目を立体的に見せることができるカラー。

■ **ロングポイントカラー**
襟型や開きはレギュラーカラーとほぼ同じだが、長い襟先が特徴。クラシカルで落ち着いた雰囲気が漂うため、エレガントな装いに最適。襟の幅が細いため、ネクタイは細めのものが似合う。

■ **ホリゾンタルカラー**
ホリゾンタルは「水平」の意味で、その名の通り水平線のように開いた襟のこと。別名「カッタウェイ」とも呼ばれる。ノーネクタイでカジュアルにも着こなせるが、ネクタイ選びは難しい。

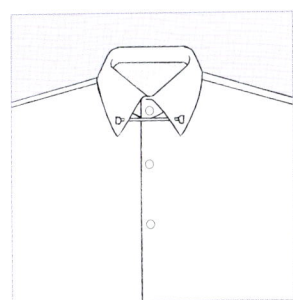

Other

■ **ピンホールカラー**
カラーピンで左右の襟を留めるため、襟に小さな穴を開けたもの。カラーピンでネクタイが押し上げられ、結び目を立体的に見せることができる。

■ **クレリックカラー**／「カラーセパレーテッドシャツ」が正しい呼称。襟とカフを白無地にしたもの。「クレリックシャツ」は和製語。

■ **ショートポイントカラー**／襟先が6センチ以下と短いカラー。開きの角度は80度。「スモールカラー」とも呼ばれる。レギュラーカラーに似ている。

■ **ウイングカラー**／正面から見ると広げた翼のように見える前折れ式の立襟。フォーマルなワイシャツで、テイルコートやモーニングコートなどに合わせる。

Front
フロント

■ **パネルフロント**
シャツの端を表に折り返してある前立て。「表前立て」のオーソドックスなスタイル。

■ **フライフロント**
ボタンが見えないように仕立てられている前立てのこと。別名は「比翼仕立て」。

■ **フレンチフロント**
シャツの前の端を内側に向かって折り返してある前立て。「裏前立て」とも。

Cuffs
カフ（袖）

シングルカフ

シングルカフは折り返しのない一重の袖。もっともオーソドックスなタイプ。ダブルカフに対してシングルカフと呼ばれ、ひとつのボタンで留める。

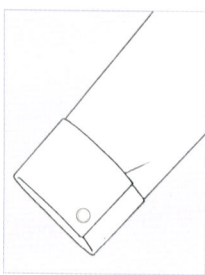

ダブルカフ

袖を二重に折り返したもの。「フレンチカフ」とも呼ばれる。フォーマルシーンに最適で、カフリンクスなどの装飾品で華やかに演出。

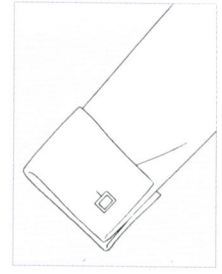

Other

■ **ターンナップカフ**／シングルカフの、折り返しのあるタイプ。カフリンクスを使わなくても装飾用の飾りがあるためドレッシーな印象。

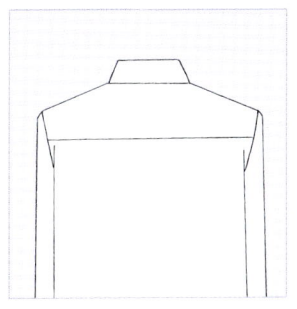

Back
ヨーク、タック、プリーツ

■ **ヨーク**
肩から背中にかけてつけられた切り替え布のこと。体のラインに沿って動きやすくなる。

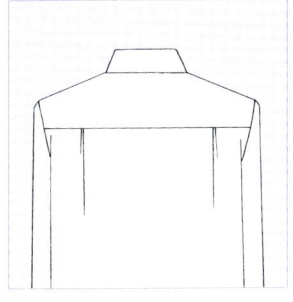

■ **サイドタック**
ヨークの下の両サイドにタックを入れることで、ゆとりが生まれ動きやすくなる。

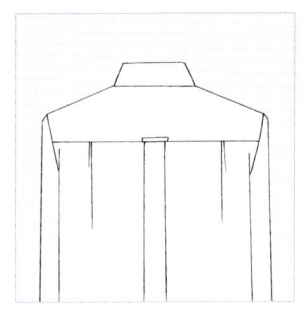

■ **ボックスプリーツ**
背中の中心に入る折り目。タックと同様に、プリーツが入ることで動きが楽になる。

Style
その他のスタイル

■ **アイビーシャツ**
アイビースタイルに見られるトラッド（伝統的）なワイシャツ。

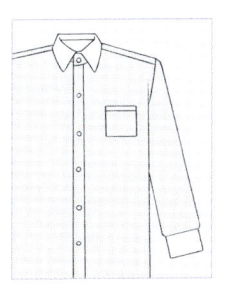

■ **クレリックシャツ**
襟とカフに白地を使用したワイシャツ。僧侶服に似ていることが名前の由来。

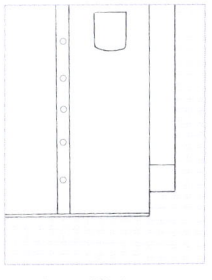

■ **スクエアボトム**
ワイシャツの裾が水平にカットされたもの。裾をパンツの中に入れても出してもきまる。

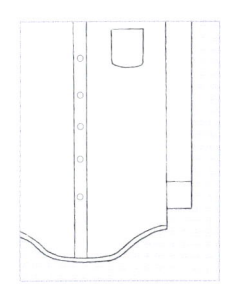

■ **テイルドボトム**
曲線的な燕尾形の裾で、「シャツテイル」とも呼ばれる。オーソドックスな裾形。

大人の男のスーツ図鑑

ジャケットの下に、もう1枚…

Sweater, Vest, WaistCoat
セーター・ベスト・ベスト（ウエストコート）

暖かいだけでなく、普段のコーディネートに
ひと味加えることができる「セーター」や「ベスト」。
また、スーツスタイルの正統な組み合わせである
スリーピースの「ベスト」。
環境に配慮するオトコの装い。

Sweater

セーター

　ウォームビズ対策のひとつとして、ジャケットの下に着用するセーター。ひと昔前はイギリスの一般の人々の作業着や防寒着だったが、セーターがファッションとして認められたのは、ウィンザー公の功績による。ジャケットの下に着ても着ぶくれしないものを選ぶことがポイントで、カシミアやコットン、ウールやラムなど、上質の素材は軽くて保湿性が高い。また、色や柄などで多少の冒険をしてみるのも、楽しみのひとつだろう。

■**クルーネックセーター**
襟ぐりが丸い形をしたクルーネックセーターは、首周りまで暖かく、ウォームビズに最適。

■**Vネックセーター**
襟ぐりがVの字になったVネックセーターは顔周りをすっきりと見せてくれる。

Point

■**デザイン**／ビジネススタイルでは、ネクタイが見えるようにVネックセーターにするのがオススメ。カジュアルOKなど、職場の雰囲気によってはクルーネックでも。

Vest
ベスト

　セーターと同じく、ウォームビズ対策に着用するベスト。袖がないぶん、上からジャケットを着ても、かさばらず動きやすい。サイズが大きいと、腰回りでだぶついてしまうため、ジャストサイズのものを選ぶことがポイント。ベストの素材も保湿保温効果の高いカシミアやシルク、コットンなどを選ぶのがポイント。三つぞろいのベストとはひと味違った「柔らかさ」「穏やかさ」を演出できれば大成功！

■ **ベスト（クルーネック）**
襟ぐりが丸い形のベストは優しい雰囲気を演出。ジャケットを脱いでも様になる。

■ **ベスト（Vネック）**
襟ぐりがVの字になったベストはネクタイも見えシャープな印象に。ワイシャツとの組み合わせを楽しみたい。

Other

■ **その他のウォームビズ対策**／セーターやベストの他に、首をすっぽり包んでしまうタートルネックセーターや、普段のスタイルを変えずに、保湿効果の高いアンダーウェアを着込むなど、保温効果を高める方法はさまざま。

Waist Coat
ベスト（ウエストコート）

　スーツの本場イギリスで「スーツ」といえば、「三つぞろい（スリーピース）」が本式とされ、共布で作られたジャケットとズボンの他に、ベストが含まれる。ちなみに、ウエストコートとはイギリス式の呼び方で、日本では「ベスト」や「チョッキ」が一般的だ。
　高温多湿という気候柄、日本で三つぞろいを普段づかいにしている人は少ないが、たまに三つぞろいを着用した人を見かけると、一般的なジャケット＋パンツのツーピーススタイルに比べ、よりエレガントに、またストイックにも見える。上着を脱いだ男性の姿はただでさえオツなものだが、もしそれがベスト姿なら体のラインがより際立ち、ワイシャツだけの姿とはまた別の味わいがある。
　最近はウォームビズの一環として、スリーピースが復活の兆しをみせてきている。これを機会に男性の三つぞろい需要が伸び、ベスト姿が一般的になることを期待したい。

■ シングル5ボタン
オーソドックスなスタイルのベスト。

■ シングル5ボタン襟つき
オーソドックスなベストに襟をつけたもの。

■ シングル5ボタンフラップポケットつき
オーソドックスなベストにフラップポケットがついたもの。

■ ダブル6ボタン
ベストは基本はシングルだが、ダブルのものもある。

Other

■ファンシーベストとボタン／三つぞろいは共布で作られたジャケット・ズボン・ベストのことを指すが、あえて色変わりのベスト（ファンシーベストと呼ばれる）を着用すれば、ビジネス以外のシーンでも活用することができる。ただし、デザインが派手なものはビジネスには不向きなので、選び方は慎重に。また、ベストのボタンの数に決まりはないが、ボタンの数にかかわらず、いちばん下のボタンは外すのが正式。

Column

日本では人前でジャケットを脱ぎ、ワイシャツ姿になる男性をよく見かけます。しかし、ワイシャツはもともと下着なので、欧米ではワイシャツ姿で人前に出るのはマナー違反になります。ジャケットを脱いだとき、下からベストが現れるというのが本来の正しい姿。——とは言いながらも、ワイシャツ姿の男性もベスト姿の男性も、どちらも目の保養になることは間違いありませんね。

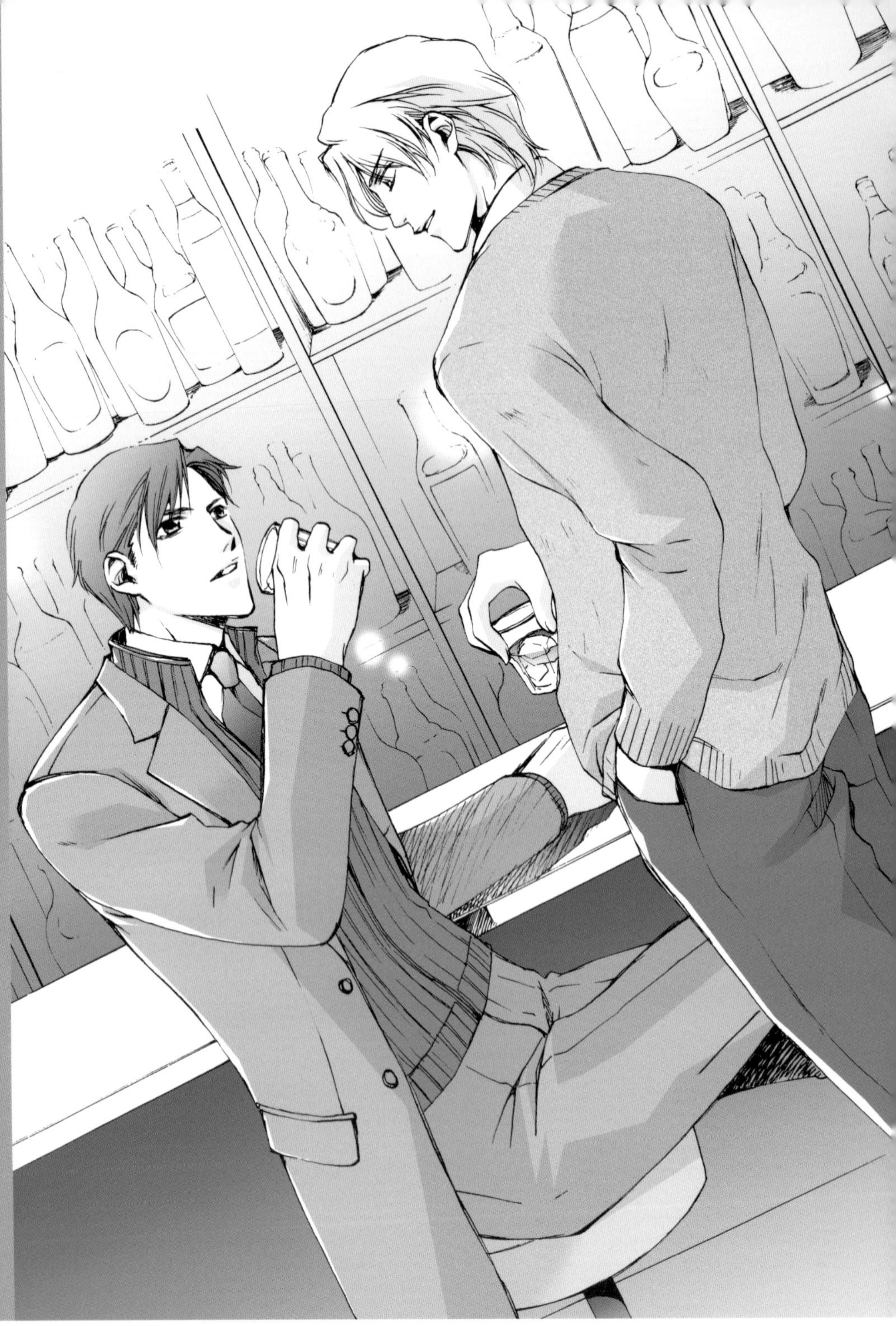

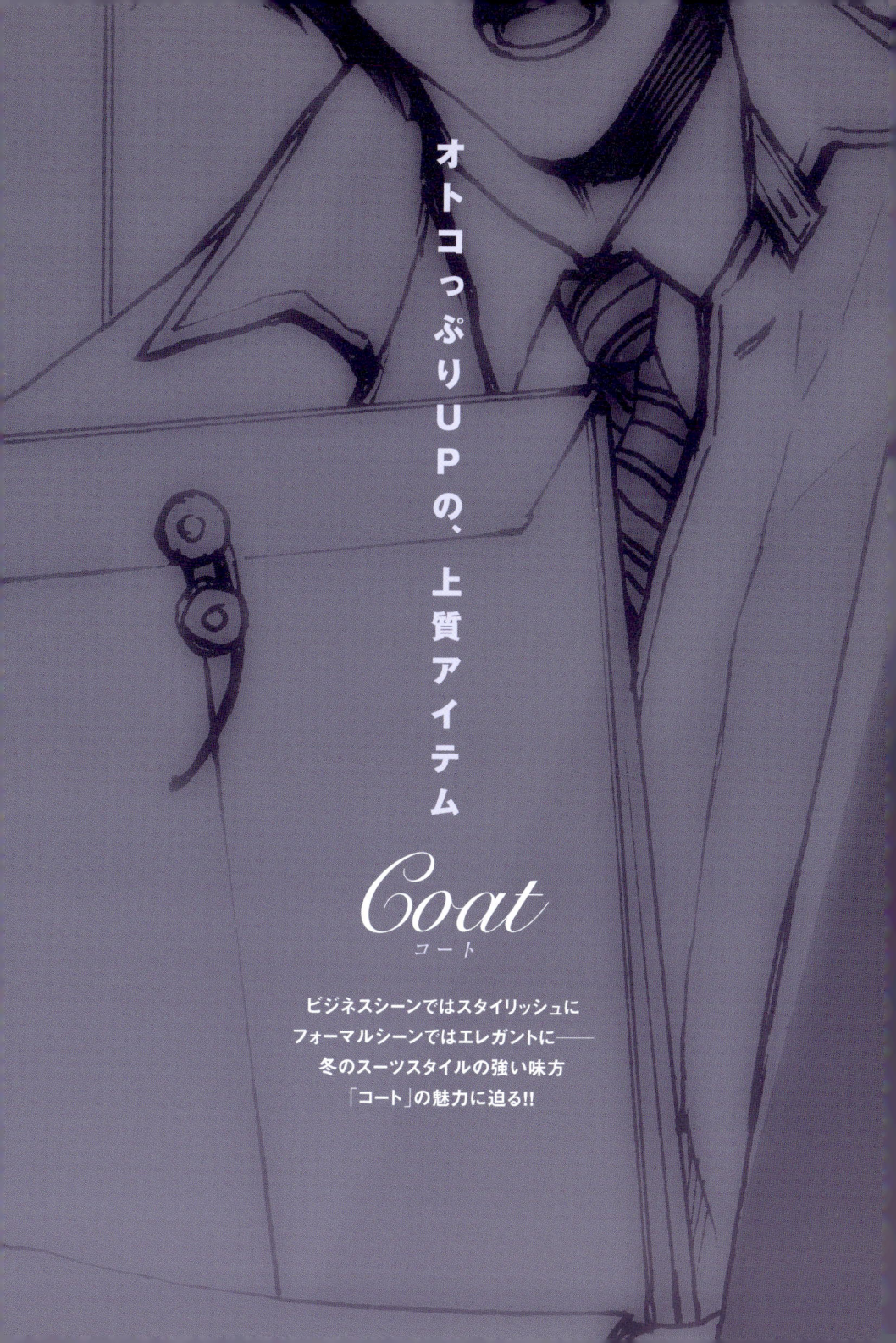

オトコっぷりUPの、上質アイテム

Coat
コート

ビジネスシーンではスタイリッシュに
フォーマルシーンではエレガントに——
冬のスーツスタイルの強い味方
「コート」の魅力に迫る!!

Chesterfield Coat
チェスターフィールドコート

　チェスターフィールドコートはイギリスのヴィクトリア時代に生まれ、上流階級の人々に長く愛用されてきた。現在はテイルコートやモーニングコートの上に着る、昼夜兼用の盛装用コートとしての役割が大きい。

　形はシングルとダブルがあり、シングルの場合はボタンが見えないように比翼仕立てにし、丈は膝丈程度。全体的に体のラインに沿って絞られたデザインだが、特にウエストの絞りが強い。襟はノッチドラペルになり、上襟には拝絹が被せられるのが正式。最近は拝絹のないものや、特徴のひとつであるウエストの絞りをなくしたものなど、簡略化したセミチェスターフィールドコートが主流。簡略化されたもので十分フォーマルな場に使用できるだけでなく、スーツスタイルに合わせてもOKだ。

　オーバーコートを粋に着こなす男性を愛でるのもいいが、コートの中に、どのようなスーツを合わせているのか妄想を膨らませるのも楽しみのひとつ。

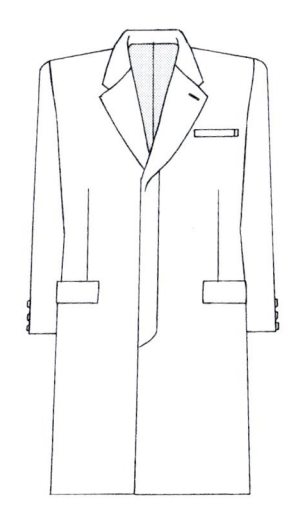

■ **シングル・チェスター
　フィールドコート**

正式なチェスターフィールドコート。比翼仕立てで上襟に拝絹が被せられている。ウエストの絞りが特徴。

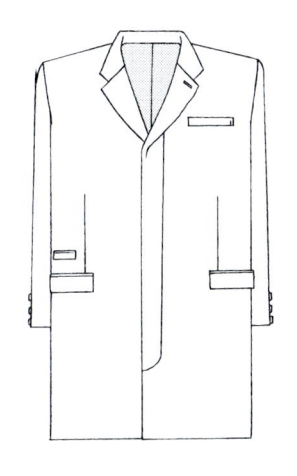

■ **シングル・セミチェスター
　フィールドコート（1）**

簡略化されたセミチェスターフィールドコートのひとつ。比翼仕立てだが、ウエストの絞りや上襟の拝絹がない。

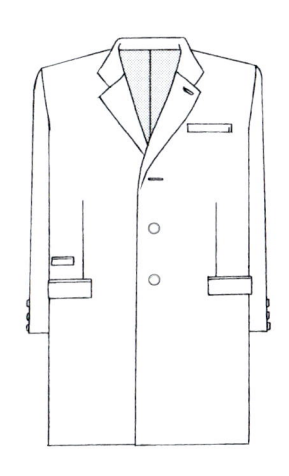

■ **シングル・セミチェスター
　フィールドコート（2）**

簡略化されたセミチェスターフィールドコートのひとつ。比翼仕立てではなく、ウエストの絞りや上襟の拝絹がない。

■ **ダブル・セミチェスター
　フィールドコート**

簡略化されたダブルのセミチェスターフィールドコート。図はピークドラペルの襟のもの。

Point

■ **名称の由来**／ヴィクトリア時代にチェスターフィールド6世伯爵が、このコートを愛用したことが名前の由来と伝えられる。

■ **拝絹**／拝絹（はいけん）とは、チェスターフィールドコートやタキシード、テイルコートなどの襟にかけるシルクやサテンなどの生地のこと。

Chapter.1 **Business** 045

Trench Coat
トレンチコート

　ハードな印象を残しながらも、スマートにも知的にも見えるトレンチコート。第一次世界大戦時にイギリス軍の軍用コートとして開発され、イギリス兵が塹壕(トレンチ)で着用したことから、この名前がついた。もともとが軍用コートということもあり、肩に肩章がつき、右肩につけられたあて布は銃床を当てるため、ベルトのDリングは水筒などを提げるため……というように、機能性が重視されたデザイン。現在は単なる装飾として残っているが、「ビジネス」という戦場で働く男たちには、ふさわしいコートと言えるかもしれない。

■ **トレンチコート**
ダブルブレステッドが特徴のひとつで、ウエストをベルトで締める。生地には綿生地を防水加工したギャバジンなどが使用される。

Point

■ **2大ブランド**／トレンチコートの開発は、イギリスの老舗ブランド「アクアスキュータム」と「バーバリー」の2社が携わり、元祖と言われる。どちらも女性向けの洋服や小物を手がけており、日本の女性にも馴染みのあるブランドだろう。

Balmacaan Coat
バルマカーンコート

　よく見かけるコートの形で、日本では「ステンカラーコート」の名前で知られている。ただし、ステンカラーコートは和製語で、「バルマカーンコート」または「バルカラーコート」が正しい名称。襟はバルカラー（第1ボタンを外しても留めても着られる襟型）、ラグランスリーブ、比翼仕立て（フロントのボタンが見えない）、スラントポケットにセンターベントなどが特徴。スーツスタイルにもカジュアルスタイルにも対応できる万能コートで、着脱可能な裏地がついていることが多いので、春や秋にも着ることができる。

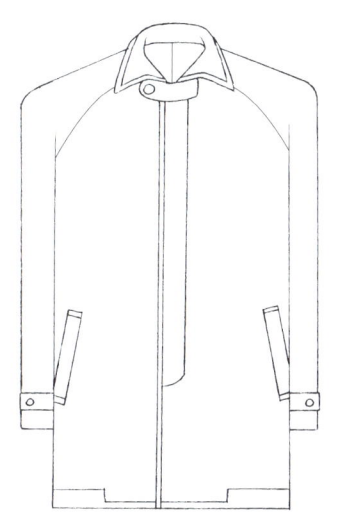

■ バルマカーンコート
バルカラーが特徴のひとつで、トレンチコートと同じく、生地にはギャバジンが使用されることが多い。男性に限らず女性も着られるデザイン。

Point

■ **ラグランスリーブ**／特徴のひとつであるラグランスリーブとは、袖つけの縫い目が襟から脇下にかけて入り、肩とひと続きになった袖部分のこと。首の付け根から袖が始まっている……と考えると、わかりやすい。

Pea Coat
ピーコート

　ピーコートは英米では「ピージャケット」と呼ばれ、その起源は15世紀にまで遡ることができる。もともとはオランダの漁師が着ていた厚手の外套で、機能性と高い保温力から、後に英米の海軍のコートとして採用された。現在の日本ではカジュアルなスタイルに合わせるコート、または学生のコートという印象が強いが、色や素材、現代風にアレンジされたデザインを慎重に選べば、ビジネスシーンでの活躍の場は十分に広がる。ちなみに、素材はメルトン（ウールを圧縮したもの）が一般的だが、最近はレザー素材のものもある。大人の男性がピーコートを着ている姿は、ちょっと可愛い。ただしオジさんはNG！

■ピーコート
幅広のリーファーカラー（幅広の襟）や、手を温めるために縦に切り込みを入れたマフ・ポケットなどが特徴。

Point

■リーファー／海の男たちの防寒着として生まれたピーコートの襟は、風向きによって左右どちらを上に留めることもでき、風の侵入を防ぐ「リーファー」という機能をもつ。

Duffel Coat
ダッフルコート

　ダッフルコートはピーコートと同じように、漁師の防寒用の外套として作られた厚い生地のコート。冷たい風を遮るフード、ボタンではなく「トグル」と呼ばれる留め具がつくが、これは手袋をしたままでもフロントが留められるように作られている。このダッフルコートもカジュアルな印象が強いが、ピーコート同様に色や素材、現代風にアレンジされたデザインを選べば、スーツスタイルにも十分に合わせることができる。

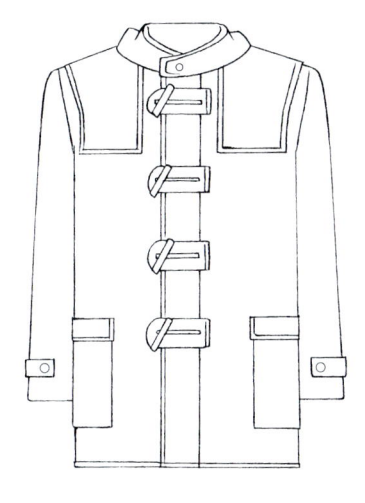

Point

■ **特徴**／フードやトグルだけでなく、大きなヨークとフロントの腰部分に大きくつけられた貼りつけポケットも特徴。

Down Jacket
ダウンジャケット

　アウトドアやスポーティな印象が強いダウンジャケットは、一般的なスーツスタイルに似合うとは決して言えない。しかし、ジャケットスタイルやクリエイティブな職業でのスーツスタイルであれば、粋に着こなすことが十分に可能だ。カッチリとしたスーツスタイルに飽きるという日はこないだろうが、たまにはスーツスタイル＋ダウンジャケットという意外性を楽しむというのもアリだろう。

Point

■ **特徴**／水鳥の羽毛（ダウン）をナイロン地に詰めてキルティングを施して仕立てられる。軽いのに丈夫で保温性に優れる。

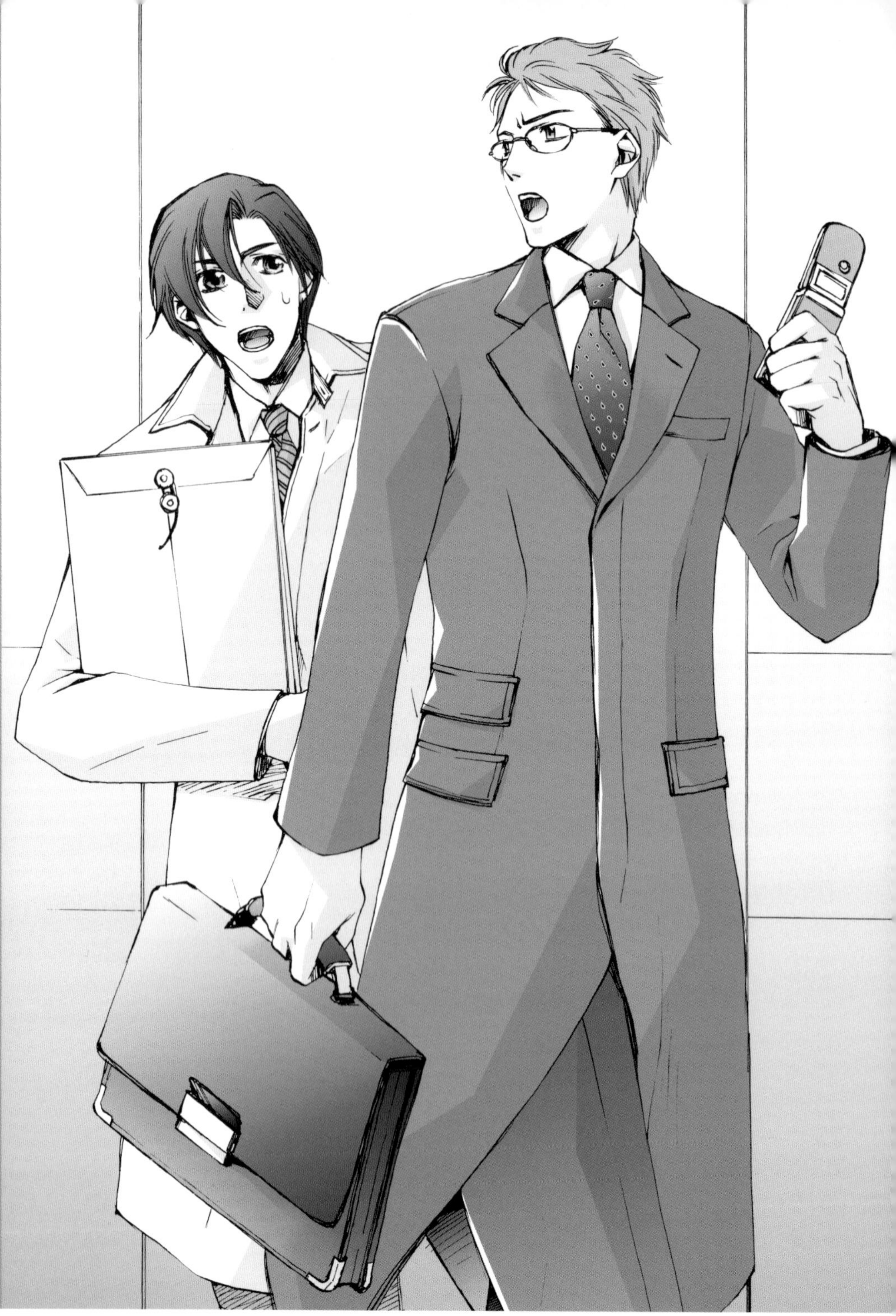

こだわりを持つ。主張はしない。

Suit Item
小物類

目立ったお洒落のできないスーツスタイルでは「ネクタイ」や「靴」、「カフリンクス」や「ベルト」などさりげない小物でオトナを演出。

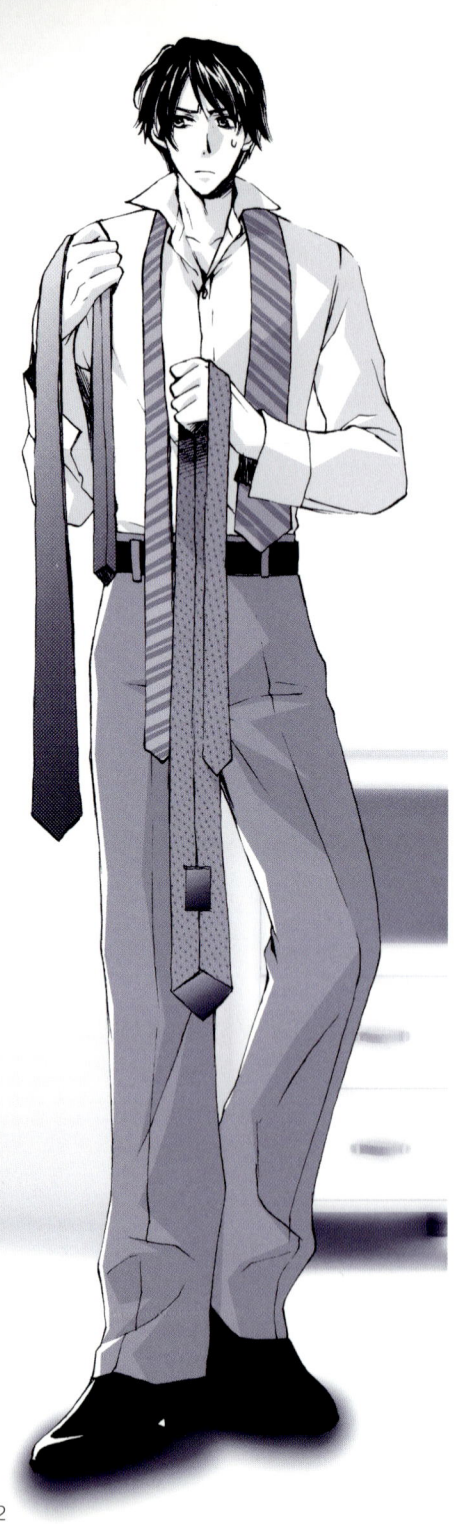

Neck Tie
ネクタイ

　スーツスタイルにおいて、とにかく熱い視線を浴びてやまないのが、首からジャケット第1ボタンまでの「Vゾーン」であり、このVゾーンを飾る「ネクタイ」といえるだろう。色や柄が多様で、スーツやワイシャツとの相性もある。そのため、ネクタイ選びに悩む男性も多いはずだ。しかし、目立つ部分でのお洒落が堂々とでき、個性も主張できるネクタイは、自分をアピールするにはもってこいのアイテム。センスのよいネクタイをきれいに締めているのは、好印象。時と場合によっては、ゆるめられたネクタイ姿も、またよし。

Name
細部の名称

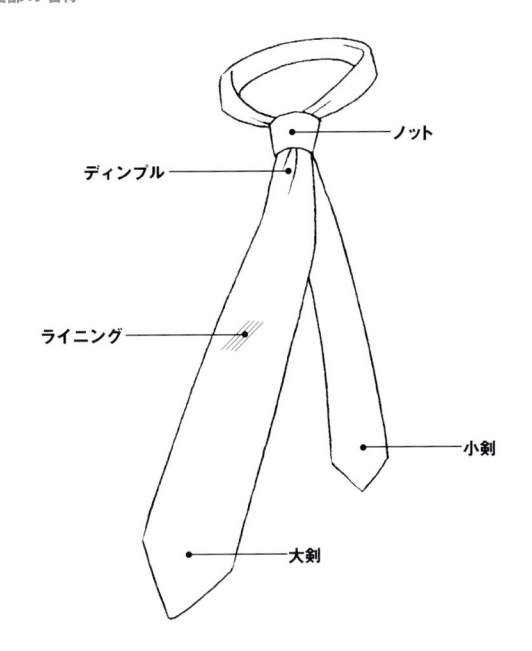

■ディンプル
ノットの下につくエクボのような窪みのこと。ネクタイを締めたあと、最後の仕上げに指でつまんでディンプルを作る。ただし、弔事の際はディンプルはつけないのが原則。

■小剣
ネクタイの細い方の剣先のこと。「チップ」とも呼ばれる。

■大剣
ネクタイの太い方の剣先のこと。「エプロン」とも呼ばれる。幅はブランドや流行によって異なる。

■ノット
ネクタイの結び目のこと。

■ライニング
表からは見えず内側に仕込まれたネクタイの芯地のこと。

Pattern
ネクタイの柄

ネクタイの色や柄などデザインのパターンはじつに多彩だが、なかでも右図のようなものが一般的だ。そして、同じ柄でも色が変わることでガラリと印象が変わる。スーツとワイシャツに合わせて、デザインや結び方にはこだわりをもってほしい。

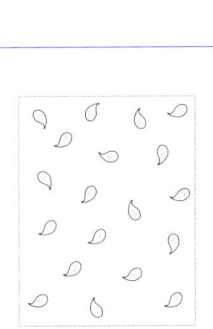

- ペイズリー
- レジメンタルストライプ 
- ドット 
- 小紋 
- チェック

Style
ネクタイの種類

　ネクタイの種類は「幅タイ」「蝶ネクタイ」「変形タイ」の3つに大別される。

　幅タイとはネクタイの先端が尖ったもっともオーソドックスなスタイル。蝶ネクタイは蝶結びになったネクタイの総称で、多くは礼装時に用いられるスタイル。変形タイとはアスコットタイやリボンタイなど、一般的なネクタイに比べて明らかに違う形をしたスタイル。ビジネスとフォーマル、ワイシャツのカラーやスーツスタイルのVゾーンに合わせて使い分けることがポイント。

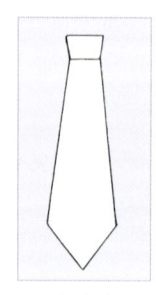

■ ワイドタイ
幅タイのひとつで、大剣の幅が10センチ以上の幅広のものを指す。

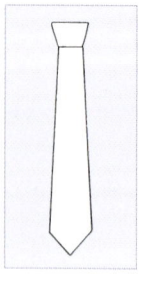

■ ナロータイ
幅タイのひとつで、大剣の幅がだいたい4〜6センチと短いものを指す。

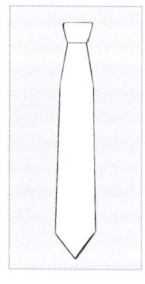

■ レギュラータイ
幅タイの標準型でワイドタイとナロータイの中間のものを指す。

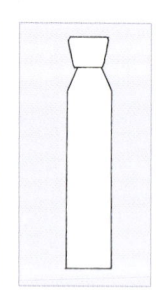

■ 角タイ
先端が水平にカットされた幅タイの一種。ジャケットスタイルに合わせることが多い。

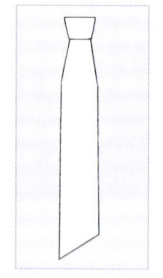

■ カットタイ
先端の部分が斜めにカットされた幅タイの一種。

■ アスコットタイ
変形タイの一種で礼装時に使用されるスタイル。

■ バタフライタイ
蝶ネクタイの一種で「ボウタイ」とも呼ばれる。

Column

　右図は礼装時に使われる蝶ネクタイと変形タイの一種。左が「ポイント・エンド・ボウ・タイ」、右が「クロスタイ」。礼装のなかでもディレクターズスーツは幅タイの着用がOKとなります。この場合の素材は光沢のあるシルクなどがよいでしょう。

ポイント・エンド・ボウ・タイ 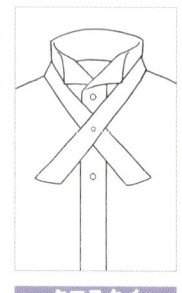　　クロスタイ

Knot
ネクタイの結び目

プレーンノット

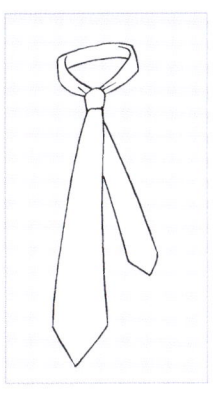

① ② ③ ④ ⑤

ノット（結び目）がいちばん小さくなるネクタイの結び方の基本形。19世紀の中頃に登場。簡単に結ぶことができるため、使用頻度が高い。レギュラーカラーのワイシャツに最適な結び方で「シングルノット」とも呼ばれる。

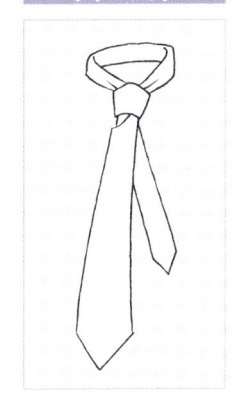

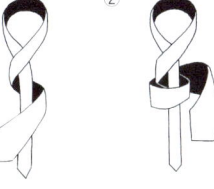

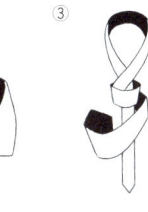

ダブルノット

① ② ③ ④ ⑤

プレーンノットよりも1回多く巻きつけるため、ノットにボリュームが出る。そのため、ネクタイが長い場合などにも重宝する結び方。ワイドカラーのワイシャツに最適。

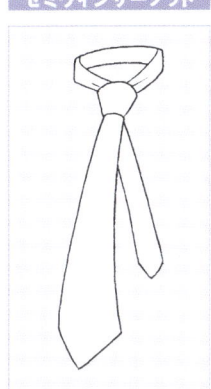

セミウィンザーノット

① ② ③ ④ ⑤

ネクタイのノットがきれいな正三角形になる結び方。ノットのボリュームもほどよい大きさで、セミワイドカラーやホリゾンタルカラーのワイシャツに合うスタイル。

Shoes
靴

　どんなに仕立てがよいスーツでも、靴が合っていなければ様にならない。靴はスーツスタイルの善し悪しを左右する重要なアイテムだが、それに気づかずおろそかにされてしまうことも残念ながらしばしばである。高級ホテルやレストランでは、靴を見て客を判断しているともいう。場所や用途に合わせてスーツを変えるのと同じように、靴もTPOに合わせて履き替えることが必要だ。
　また、スーツに合った靴を選んだとしても、手入れを怠った汚れたものでは意味がない。毎日ピカピカに磨かれた靴で、颯爽と街を歩いていただきたい。そんな男性の姿には、女性ならずともシビレること間違いなし！

Shoes

紐付き短靴

　黒の紐付き靴、特に内羽根式のストレートチップであれば、ビジネスシーンのみならずフォーマルシーンでも重宝する。つまり社会人になったらまず最初に手に入れるべき靴なのだ。ちなみに、靴紐部分の革を「羽根」、この羽根の内側についた部分を「タン」と呼び、このタンを独立させて内側につけたものを内羽根式という。また、足の甲部の革を「アッパー」と呼び、このアッパーの上に羽根がかぶさったものを外羽根式という。紐付き靴はこの2タイプに大別される。

■**オックスフォード**
紐で締めるタイプの靴の総称で、ビジネスからカジュアルまで広く用いられる紳士靴の基本形。

■**バルモラル**
内羽根式の別名を「バルモラル」という。

■**ブラッチャー**
外羽根式の別名を「ブラッチャー」という。

Point

■**フォーマルな靴**／黒の内羽根式ストレートチップがもっともフォーマルに適した靴であるが、よほどかしこまった席でなければ外羽根式でもOK。素材は繊維がきめ細かでつやも美しいカーフ（仔牛）素材を。

To-Cap

つま先のデザイン

　紐付き靴のつま先の切り替えデザインによって、履けるシーンも変わってくる。大きくわけて「ストレートチップ」「プレーントウ」「プレーンキャップトウ」「メダリオン付きキャップトウ」「ウイングチップ」「Uチップ」の6種類があり、プレーントウはつま先に装飾や縫い目がいっさいない一般的なデザイン。ビジネスだけでなくフォーマルにも使えるのは、靴の先端の部分に横線を1本あしらって切り替えた内羽根式のストレートチップとなる。

■**ストレートチップ**
靴の先端に横線を入れて切り替えデザインを施したもの。もっともフォーマルなスタイル。

■**プレーントウ**
オーソドックスなデザインで、つま先に飾りのない「プレーン」なもの。

■**Uチップ**
つま先部分がU字型に切り替えられたもの。カジュアルな印象が強い。

Style
その他の靴の種類

■モンクストラップ

足の甲をストラップで締めるタイプの靴。基本的にカジュアルな靴のため、フォーマルにはNG。ストラップがふたつついたものは「ダブルモンクストラップ」という。修道僧が履いていた靴が名前の起源。

■ローファー

ローファーは「コインローファー」ともよばれ、甲の部分にアメリカの1セント硬貨を置ける切り抜きのついた飾りベルトがあるのが特徴。ちなみに、ローファーは「怠け者」という意味をもつ。

■ブーツ

Uチップ型のブーツはカジュアル度が高く、スーツスタイルよりもジャケットスタイルに合わせていきたい。スーツスタイルに合わせるのならば、黒の「チャッカブーツ」や「ドレスブーツ」が最適。

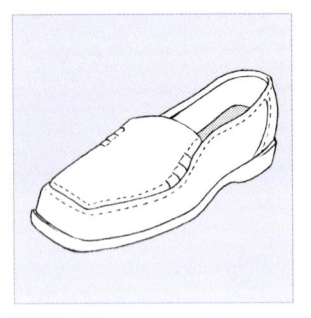

■スリッポン

紐やストラップを用いずに、足を滑り込ませ履く靴のこと。プレーントウは、ややかしこまった席でも履け、素足のままカジュアルにも履くことができる。

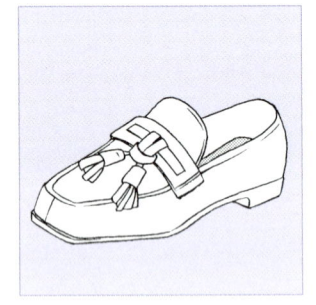

■タッセルローファー

ローファーにタッセル(房飾り)がついたタイプ。アメリカのオールデン社が開発し、アメリカでは広く愛されている靴のタイプ。

Column

フォーマルなシーンでの最上級の靴は、テイルコートやタキシードに合わせる黒のオペラパンプスです(左図)。モーニングコートやディレクターズスーツには、黒の内羽根式のストレートチップ(右図)が最上級となりますが、黒の内羽根式のプレーントウでもかまいません。

Watch
腕時計

ビジネスマンにとって腕時計は必須アイテム。時間を確認できるだけでなく、腕時計をつけることで手首が締まって見え、エレガントさも増すというものだ。時計の種類にはいろいろあるが、黒か茶の革ベルトのついた、白文字盤の3針時計がビジネスにもフォーマルにも合う。時計のベルトを革にした場合は、財布やベルトなどのレザー小物も同色同素材で揃えるのが基本。もちろん、その日のスーツに合った色を選ぶことが大切だ。他には「シルバーステンレス」や「ラバー」などの素材がある。

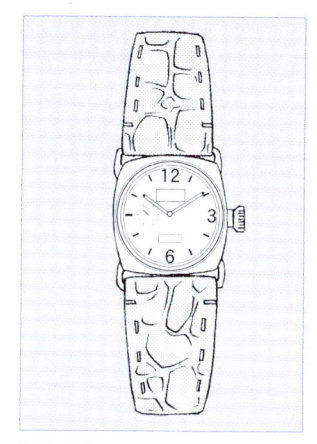

■**革ベルト**
カーフ（仔牛）やリザード（トカゲ革）など、革素材もさまざま。

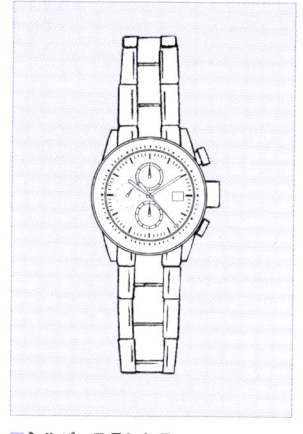

■**シルバーステンレス**
もっともオーソドックスな素材で傷がつきにくく、ハードな印象。

Bag
鞄

ビジネスで使う鞄にはこだわりをもとう。A4サイズはもちろん、B4サイズまで入るものを選べば重宝することは間違いない。素材はレザーやナイロン、アルミニウムが一般的で、デザインは手提げやショルダー、トートなどさまざまだ。ただしデザインと素材によってはビジネスには不向きなものもあるので注意が必要。特にリュックサックはカジュアル度が高すぎてスーツスタイルには不向きな上、女性ウケも最悪。また、荷物でパンパンに膨れあがった鞄も見苦しい……。

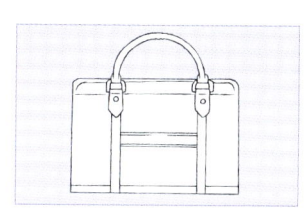

■**ブリーフケース**
ビジネスで使用する書類を入れるための鞄。デザインはさまざまだが手提げのものがオススメ。

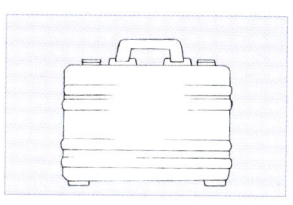

■**アタッシェケース**
書類を折り曲げることなく持ち運べる角型の頑丈な仕様。ハードタイプとソフトタイプがある。

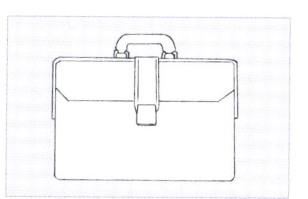

■**ダレスバッグ**
アメリカの国務長官を務めたダレスが持ち歩いていたことから、その名前がついた鞄。口が大きく開くため、物の出し入れがしやすい。

Cuff Links
カフリンクス

日本では「カフスボタン」とも呼ばれるが、これは間違いで「カフリンクス」が正しい呼び方。シャツの袖を留めるために使うアイテムである。華美なものはビジネスシーンには適さないが、場面に合ったデザインと素材を選べば「できる男」を演出できることは間違いない。

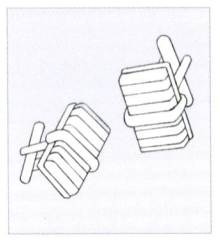

■カフリンクス
ビジネスシーンでは華美なカフリンクスはNG。

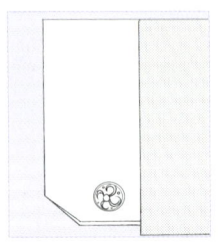

■カフリンクスをつけた袖
ダブルカフのワイシャツに留めて使用。スーツの袖口からちらりと覗く様はエレガント。

Tie Bar
タイバー

ネクタイが邪魔にならないようにするため、ワイシャツに留めるためのピン。ネクタイを立体的に見せられるほか、胸元をおしゃれに飾ることもできる。「タイバー」または「タイピン」と呼ぶ。

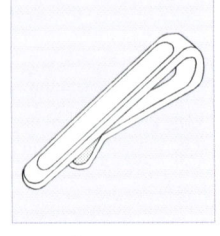

■タイバー
ビジネスシーンでは飾りのないシンプルなものを。パールなどの石がついたものはフォーマルシーン向け。

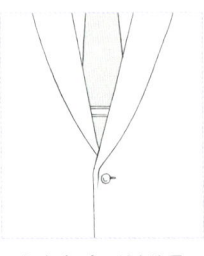

■タイバーをつけた胸元
タイバーはスーツスタイルで身につけることができる数少ないアクセサリーのひとつ。さりげないお洒落に最適。

Pocket Chief

ポケットチーフ

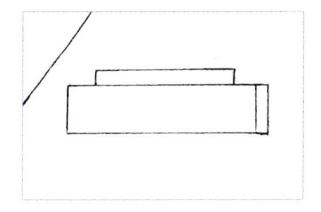

ティービーフォールド

ビジネスシーンに最適なポケットチーフのたたみ方の代表格。その昔、アメリカのテレビ関係者が好んだことから、この名前がついた。簡単に形を作ることができ、また気負わずに挿せるスタイルのためポケットチーフビギナーにオススメ。素材はシルクかリネンを。

1 広げたハンカチを半分に折り、さらに半分に折りたたむ。

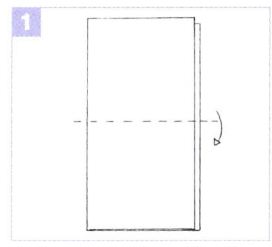

2 右端を3分の1折り、左端を右端でたたんだ山の上に重なるようにたたむ。

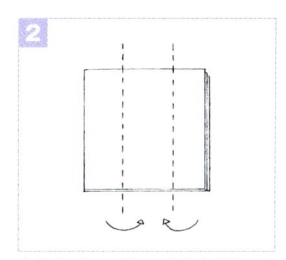

3 下部分を上に向かってたたむ。

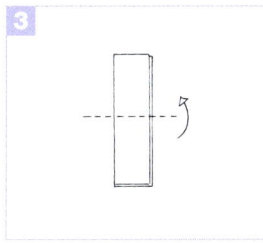

4 ポケットチーフの縁が外側になるように胸ポケットに挿す。1〜2センチほどポケットからのぞくように挿すこと。

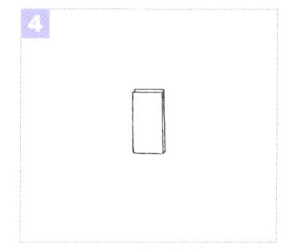

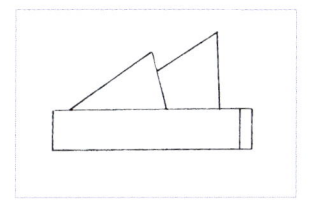

ツーピークス

重要なビジネスシーンや、ややかしこまった席で上品に見せることができる二つ山型の「ツーピークス」は、「ティービーフォールド」と並ぶオススメの挿し方。ちなみにテイルコートやモーニングコートの礼装の場合は、三つ山型の「スリーピークス」にするのが正式な挿し方となる。

1 広げたハンカチを三角になるように折り、もう一度三角になるように折る。このとき、頂点が重ならないように微妙にずらし、ふたつの山を作る。

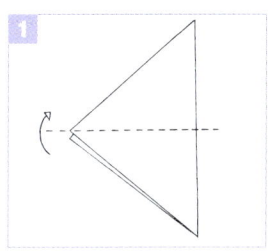

2 点線の部分を中心にして矢印の方向に折る。

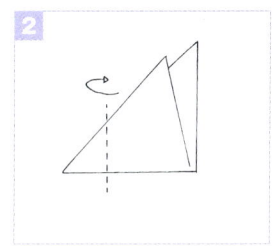

3 ポケットの深さに合わせて下部分を折り、胸ポケットに挿す。

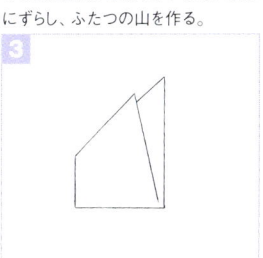

Chapter.1 **Business**

Belt, Suspenders
ベルト、サスペンダー

ベルトもサスペンダーも基本はズボンがずり落ちないようにするための道具。ベルトの利点はネクタイや靴とともに、男性のスーツスタイルでお洒落が演出できるところ。馬やワニ、トカゲなどの革素材があるが、牛革の最高品であるカーフ(仔牛)素材が最初の1本にはオススメ。サスペンダーはジャケットを脱がなければ見えないが、ベルトに比べてパンツを履いたときのラインが美しく見え、腹部への圧迫がないという利点がある。クリップ式のものとボタン式のものがある。「サスペンダー」はアメリカ式の呼び方で、イギリスでは「ブレーシーズ」という。

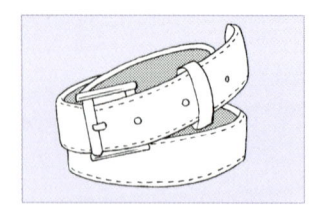

■ ベルト
スーツスタイルに合わせるレザー小物は、同色で揃えるのが基本。ワニ革は個性が強いため、場面を選んでつけていきたい。

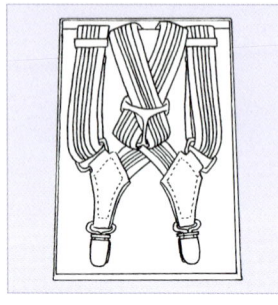

■ サスペンダー
クリップ式のサスペンダー。ウエスト部分をクリップで留める。

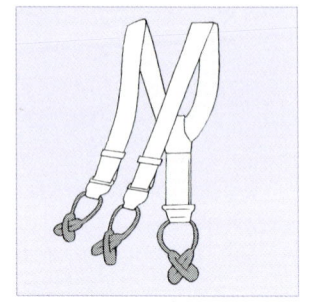

■ サスペンダー
上図はボタン式のもの。ズボンの内側にボタンで留める。

Wallet, MoneyClip, CardCace
財布、マネークリップ、名刺入れ

財布や名刺入れなど人目に触れる機会も多いアイテムは、質の良い革製品で揃えたい。もちろん靴やベルトの色と揃えて選ぶのが基本だ。シンプルなマネークリップは、その名の通りお札を挟むクリップ。もともとは欧米でチップ用のお札を挟むために生まれたという。しかし、ビジネスシーンには不向きなので、財布を持ち歩きたくないオフの日にジーンズのポケットにつっこんで気楽に使うのがよさそう。

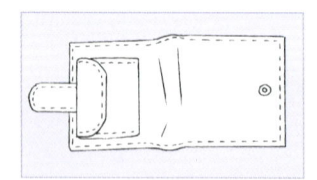

■ 財布
カーフ(仔牛)素材が最適。使えば使うほど革がなじむので、その感触を楽しみたい。

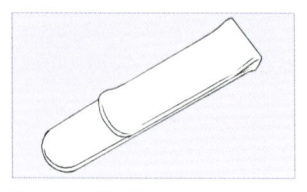

■ 名刺入れ
ビジネス上必携となる名刺入れ。レザー、アルミニウム、プラスチックなどの素材があるが、レザーは上品な印象を与える。

■ マネークリップ
シンプルでありながら、スタイリッシュな印象を与えるシルバーのマネークリップ。お札を挟んで使う。

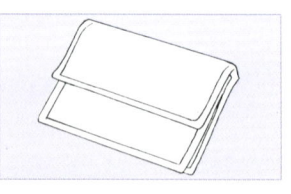

Name
メガネ各部の名称

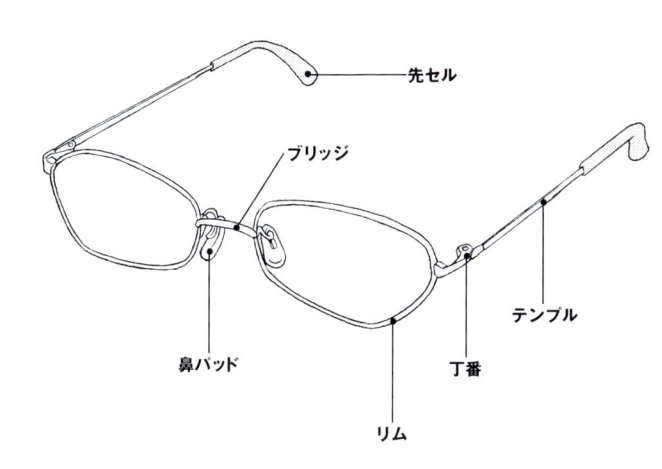

■ **リム**
レンズを囲むフレームの縁（フチ）のこと。

■ **鼻パッド**
「鼻当て」とも呼ぶ。鼻を両脇から挟むようにメガネを固定する部分。

■ **ブリッジ**
左右のリムをつなぐ部分。

■ **テンプル**
「腕」、「ツル」とも呼ぶ。メガネを支える棒。

■ **先セル**
テンプルの先にかぶせるプラスチック製のパーツ。

■ **丁番**
テンプルを折りたたむための部位。唯一の可動部分で「ヒンジ」とも呼ぶ。

Glasses
メガネの種類

　知的にもスタイリッシュにも、顔回りの印象を変えることができる万能アイテム「メガネ」。いつも同じタイプのメガネをかけるのではなく、着るものや場面・状況に合わせてメガネも着替えていきたい。レンズを囲むリムが全体についている「フルリム」、リムがついていない「リムレス」、レンズの下部分にのみリムがついている「アンダーリム」などデザインもさまざま。また、フレームの素材はメタルとプラスチックに大きく分かれるが、水牛の角や木製といった変わった素材のものもある。

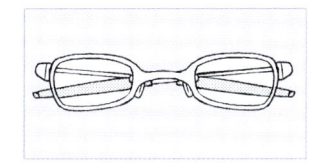

■ **フルリム**
メタル素材のフルリムは知的度No1のデザイン。色やデザインにもこだわっていきたい。

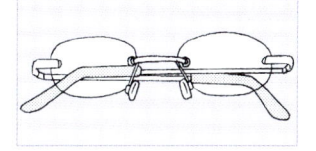

■ **リムレス**
リムがないタイプなので、顔の印象があまり変わらない。

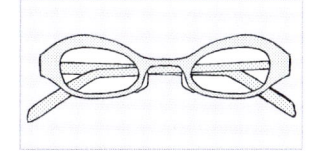

■ **セルフレーム**
フルリムだが金属ではなくプラスチックを素材にしたもの。厚めのフレームが個性を主張し、お洒落な印象に。

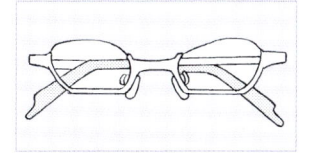

■ **アンダーリム**
レンズの下部分にのみリムがついているタイプ。フルリム同様に知的度が高いが、同時にお洒落度もアップ。

Tweed Jacket
ツイードジャケット

生地が厚くゴワゴワした手触りの「ツイード」は紡毛織物の総称で、イギリスのスコットランドが主産地。ジャケットやズボン、コートや帽子など、衣類のさまざまなアイテムに使われ、スタイリング次第でエレガントにもカジュアルにもなる万能素材である。ジャケットのスタイルは一般的なスーツと同じ。1年を通して着ることもできるが、生地の厚さや素材感から夏には不向き。なおイギリスの「ハリス・ツイード」はもっとも品質がよいことで有名なブランド。

■ツイードジャケット
図のようなポケットを貼りつけたパッチポケットタイプの印象が強いが、フラップつきポケットやパイピングポケットなどもある。

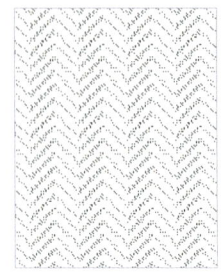

■ヘリンボーンストライプ
ヘリンボーンとは「ニシンの骨」の意味を持ち、柄が似ていることが名前の由来。

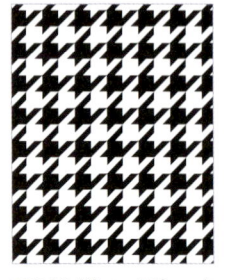

■ハウンドトゥースチェック
欧米では犬の牙に例えられて「ハウンドトゥース」、日本では「千鳥格子」とも呼ばれる。

Blazaer Coat
ブレザー

　学校やさまざまな団体の制服としても利用される「ブレザー」だが、もともとはオーダーメードのスポーツ用ジャケットとして作られたのがはじまり。シングルとダブルがあり、ビジネスからスポーツまで幅広く対応できる。最近は紺色のブレザーにグレーのズボンやベージュのチノパンを組み合わせる人も多く、ビジネスシーンでも、より活躍の場を広げている。

■シングル3ボタンフラップポケット

オンからオフまで活用できる万能ジャケット。ボタンがシルバーであれば、よりスタイリッシュな印象に。

■ダブル4ボタン

ダブルのブレザーはビジネス向きだが、落ち着いたデザインなので、あまり若々しい印象は与えられない。

Chapter.1 **Business**　065

Pattern
スーツの柄

■**ウインドウペーン**
ウインドウペーンは「窓枠」の意味。縦横の線が垂直に交差したチェック。

■**ハウンドトゥースチェック**
ハウンドトゥースは「犬の牙」の意味。日本では「千鳥格子」とも呼ばれる。

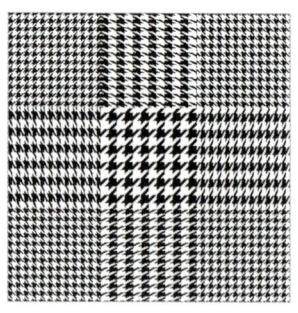

■**グレナカートチェック**
千鳥とヘアーライン（髪の毛のように細い線）を組み合わせたチェック。

■**オルタネイトストライプ**
オルタネイトは「交互」の意味をもち、2種類のストライプが交互に並ぶ。

■**チョークストライプ**
チョークで線を引いたように見えるストライプ。

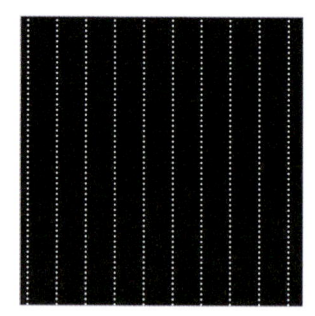

■**ピンストライプ**
ピンでひっかいたような極細のストライプ。

■**ヘリンボーンストライプ**
ヘリンボーンとは「ニシンの骨」の意味をもつ織り柄模様。

Other

■**ペンシルストライプ**／鉛筆で描いたような細いストライプ。
■**シャドーストライプ**／無地のように見えるが光のあたり具合でストライプが見える。
■**マイクロチェック**／一見、無地のように見える極細のチェック。
■**ピンチェック**／針の先でひっかいたような細かい極細のチェック。

■ 逆境にも負けず
★パリッとしたスーツを着たクールビューティーに、暴風雨の中、散らばった書類を拾わせたい……！〈カザマ★ユニ／漫画家〉
★かっちりしたスーツを着た営業マンに、炎天下でひたすら営業活動をさせたいです。どんなに暑くても決してネクタイをゆるめないところがポイントです。〈梅谷千草／漫画家〉

困難が大きいほどに、スーツで戦う姿は美しいもの！より厳しい試練を与えて、頑張る様を見ていたい♥

■ 上品な執事にキュン
★執事の制服をバッチリ着こなした初老（重要）の英国人男性に、ベッドまで朝食を運んでもらうとか……？　ゆで卵は半熟でお願いします。〈水沢充／漫画家〉
★漆黒の燕尾服（もしくはモーニングコート）を着た銀縁メガネのロマンスグレー執事に出迎えてもらいながら、「お帰りなさいませ旦那様」と言われてみたいです。しかし持って生まれた性別上無理な気がするので、下の名前に様づけで妥協せざるを得ない気がします。〈ジイン／イラストレーター〉

手に入らないものほど憧れも強く……。執事って、どこにいるんですかね？　はい、庶民ですがなにか？

■ アクション
★スーツを着たジョニー・デップとキアヌ・リーブスとヒューゴ・ウィーヴィングに、マトリックス系ワイヤーアクションの戦いをしてほしい。せっかくだから全員メガネもかけて。〈田中見来／漫画家〉
★黒スーツを着た長身細身の男性（できたらスーツの上着は脱いでワイシャツの袖は肘のところで捲ってほしい）が、追っ手から逃げていて、ドロだらけ傷だらけになってるとか萌え。〈鮎川順／漫画家〉
★せっかくのスーツを何かしらの理由でぐしゃぐしゃにされて、上着を肩に背負ったりもしてほしいです（例：逃げたネコをつかまえようとして木にのぼったけど落ちた）。〈檜山弘／漫画家〉

「スーツ＝デスクワーク」の常識を打ち砕く感じですな。すなわちギャップ萌え……!?

■ 意外性にキュン
★普段あまりスーツを着ない人が、突然着てきて私をエスコート。ギャップ萌え。〈風樹みずき／漫画家〉

普段着ない……というところで、確かにギャップ萌え！オンオフ問わずにスーツは着てほしいけど、普段着ない人の新鮮スーツも捨てがたいですな。むふ。

★もの凄く仕事のできるストイックなクールビューティが、じつは慌て者で、シャツのボタンが1個がずれていて（ネクタイで隠れる部分）、ふとした拍子に素肌がチラリと見えたらいいですね。〈ISHIKYO／会社員〉
★パステルカラーのワイシャツを着たスーツ君。一見冷静そうに見えるんだけど、仕事上で予想しない事態が起こってオロオロ……させてみたい。〈晶／漫画家〉
★30歳をまわったくらいのメガネのビジネスマンが、普段きっちりしているのに、残業で疲れて着崩している姿。だらけて座る場合も、片肘付いて足を組む程度で。〈平キイ子／自由業〉

普段きちんとしている人が見せる隙には、女性をクラクラさせる魔力あり。もっと魔法をか・け・て♥

■ スーツのツーショット
★黒スーツを着た20代後半くらいのふたり組に、高級ホテルのバーとかで上品に仕事やらプライベートやら仲睦まじく話をしていてもらいたいです。それを影からコッソリ眺めたい。〈かづき湯宏／学生〉
★30代くらいの、会社でも中堅どころといった真面目な人が、仕事がうまくいってないのかちょっとやけ酒っぽい感じでひとり（または同僚とふたり）で静かに飲んでいる様がいいなぁ。ぽつぽつと話して、愚痴っている感じで……！〈か／漫画家〉
★シングルスーツを着た先輩が後輩に付き合って、洋服の青●に行ってスーツを選んであげる。〈むっちりむうにい／漫画家〉

夢やロマンは無限大♥職場の上司と部下、同僚、学生時代の同期……スーツのふたり組ってのはそれだけでヤバいです。

■ ほんわか
★カジュアルスーツのエリート系さんが、ちょっと仕事に疲れた午後、1杯のコーヒーを飲みつつうたた寝。〈はなも大王／漫画家〉
★ロマンスグレーなイギリス紳士に定番のかっちりしたスーツを着て貰って、公園で昼寝をしてほしい。〈ハルキヨ／漫画家〉

スーツでお昼寝!! 隙だらけのスーツ君の姿に思わずよだれが……

★濃い色のスーツを着た欧米系の暗い金髪の方に、雨のそぼ降るなか子犬を拾っていただきたい。〈豆ろき／主婦〉
★会社帰りにスーツのまま犬（柴犬が良いな）の散歩とか。しかもなんか上機嫌。犬に話し掛けたりとか。〈洋武／漫画家〉
★シングルのスーツを着た短髪の男性に、泣いている迷子ちゃんを前におろおろしてほしいです。〈ミチル／漫画家〉

子供や動物を前に、いい大人が途方にくれてる姿……はっきり言って罪です。可愛すぎでしょっ!?

■ オフィスでご一緒に
★（本当はかっちりしてるのが好きなのだけど）なにか根をつめる作業をしなきゃならなくなった時なんかに「仕方ねえなあ、手伝ってやるよ」とかいいながらネクタイをゆるめる。〈碧門たかね／漫画家〉

ネクタイをゆるめられたら、ムラムラしちゃって仕事になりませーん!

★探偵などのハードな職種の方に、寝起きに新聞を読みつつコーヒー片手に窓際によりかかってもらいたい。〈神風悠真／漫画家〉

ボス! 夜明けのコーヒーはぜひ私にいれさせてください!

★一緒に貫徹で仕事したい。で、朝飯おごってもらう（笑）。〈両角潤香／漫画家〉
ごちそうさまです! いろんな意味で!!
★仕事で失敗をして残業中の夜中、自分を叱った上司が、帰ったと思っていたのにコーヒーを持ってきて「がんばれよ」とガラにもなく言ってくれる。〈カヤ／会社員〉

叱られてキュンキュン。だって私、マゾですから〜♥

■ お疲れ気味のお色気
★残業中、普段まとめて上げてる前髪とかサイドの髪がちょっとほつれてるのが萌えです。疲れてメガネを取ったりネクタイゆるめたり。そんなことくらいで十分萌えます。〈桜／漫画家〉

そんなこと!? いやいや、萌えるどころか失神寸前ですって!!

★スーツケースを下げた会社帰りのリーマンが家に着いて「ふぅ」って言いながらスーツを着崩すの。かっちり＆着崩しが見られて、一粒で二度美味しい。〈やんやん／主婦〉

隙なく着こなした姿もイイけれど、プライベートな空間で気を抜いた瞬間の乱れっぷり（いや、乱れてないけど）はたまらんですな。

■ ヘタレ萌え?
★着慣れないスーツを着た青年が玄関の姿見で自分をチェック。いくらやっても上手に結べないネクタイとか、萌え!〈矢咲サナエ／漫画家〉
★まだスーツを着こなせていない（もちろんシングル!）新入社員の男の子に、給湯室でお茶を入れさせ、勝手がわからずにわたわたする様を見たい。そしてぷるぷる震えながらトレイでお茶を運んでもらいたい。〈うかママ／主婦〉

スーツに不慣れな新人君をコッソリ眺めて、成長を見守るのも愛、イジるのも愛……ですな。ふふ。

★オーソドックスな（統計の結果もっとも一般的と判断された）スーツを着た、優秀なアンドロイド（←ココ重要）捜査官が、相棒となるたたき上げ捜査官と初対面。相棒からの「おまえファッションセンスないな」の一言に、怪訝な表情で、かつ途方に暮れたように、首をかしげてほしい。〈ボヤッキー／会社員〉

か、かわいすぎっ……（ボタボタ←鼻血）

Formal
第2章【フォーマル】

フォーマルスーツ ……………………… P.071
小物類 ……………………………………… P.081

フォーマルスーツの魅力

ビジネスシーンで目撃するスーツ姿はイイ。
そして、かしこまった席で目にするテイルコートやタキシードはさらにイイ!

スーツの魅力は多々あれど、「**堅苦しさ**」や「**不自由さ**」にこそキュンとしてしまうという方はかなり多いはず。
そんな自覚を持ったお嬢様方には、「礼装」にもぜひ目を向けていただきたい。格式の高い場で着用する礼装は、あなたの切ない願いにきっと100%応えてくれることでしょう――。
礼装の宝庫といえば、ドレスコードが指定されている正式な社交パーティーや、名士たちが列席する厳粛なセレモニー会場。もっと身近なところでは冠婚葬祭などがあげられます。
ある程度デザインの幅があるビジネス用のスーツとは異なり、礼装では、決まったデザインの礼服を厳格に組み合わせて着用しなければいけません。用途や時間帯に合わせても細かな決まりがありますし、着崩しなどは決して許されません。もちろん、場に合わせた厳かな立ち居振る舞いも要求されるので、決まりきった装いでありながら「着こなす」となると難易度が高く、**着る人の実力がシビアに試される服**でもあります。
そんな礼装ですから、どうせなら洗練された上品な紳士に身につけていただき、華やかなパーティーで完璧にエスコートしてもらえたら、どんなに素晴らしいことでしょう。しかしそれだと自分自身も完璧な淑女でなければ釣り合いがとれないというのが悩みどころ。ここはひとつ、もっと身近な場で秘かに楽しむのがよさそうです。
で、ぜひともおすすめしたいのが、お葬式です。
不謹慎な話で誠に恐縮ですが、喪服の集団というのはなぜか美しく見えるもの。
白黒を基調とした場に、装飾を取り払った黒い服装。誰もが悲しみを押し殺した沈鬱な表情を顔にはりつかせ、儀礼に則したよどみのない所作は非日常的な美を感じさせます。
抑制された悲しみ。そして死者を悼む痛々しい姿。この**ストイックな色気**には、むしろ**我々が昇天**しそうです。

そしてお葬式のラストを盛り上げるのは静かに降り始めた涙雨。
きっちりとセットされた髪を冷たい雨が乱し、憂いを帯びた頬に一筋の黒髪が貼りつきます。空を見上げ、立ち上る煙に目を細めてみせる彼の姿に、普段の朗らかな様子はまるでありません――ああもう、生きててよかったっていうか、お前が今すぐ死んでしまえという感じですね。すみません。
しかし、**抑圧された姿**にトキメキを感じる乙女にとっては、お葬式は避けては通れない道。日本では近親者だけでなく一般の参列者でもブラックスーツにブラックタイを着用するので、「参列者はダークスーツに黒ネクタイ」という世界基準とは違いますが、それでもドレスコードはドレスコード。なにより、沈鬱な雰囲気が絶妙なスパイスとなって我々の心の奥を秘かに揺さぶってくれるのです(もちろん場所柄をわきまえ、あくまでも**節度を保った楽しみ方**を心がけてくださいよ! 大人の約束です)。
また、もっと気楽に礼装を楽しみたい方は、結婚披露宴がよく行われるホテルをチェック! こちらでは新郎新婦やご親族の正礼装だけでなく、列席の方々がみな品よく華やかな装いをしています。
ちなみに、ブラックスーツに白ネクタイという慶事用の略礼装スタイルは日本でしか通用しないもので、紳士服業界だけでなくスーツを愛する乙女たちの間でも賛否両論が渦巻いています。当方としては**白ネクタイの「おそろい感」**も捨てがたいのですが、格式の高い場ではタイとシャツには絶対に気を抜かないでいただきたい。もちろん、タキシードやディレクターズスーツなどの準礼装にも積極的にチャレンジしていただければ、観察しがいがあるというものです。

なんにせよ、**乱れなく正しく身につけてこその**礼装。
その堅苦しく不自由な姿を堂々と眺めるだけでなく、礼装によってガードされた**正しい姿が崩れる場面**をそっと想像して身悶えするのも、我々にとっては大きな楽しみなのです。スーツLOVE♥

Column 02

特別な日の、特別な装い

Formal Suit
フォーマルスーツ

クラシックな雰囲気漂う「フォーマルスーツ」。
パーティーやセレモニーなどで
正しく装い、エレガントに振る舞う。

Director's Suit
ディレクターズスーツ

　昼の準礼装である「ディレクターズスーツ」は、慶事弔事のどちらにも対応でき、最近の結婚式の披露宴では、ゲストが気軽に身につけられる礼装として若い男性を中心に人気が高まっている。その理由は、コーディネートが難しいブラックスーツに比べ、決まりごとがシンプルなディレクターズスーツには失敗が少ないということ、礼装でありながら通常のジャケットスタイルと基本は変わらないため、気負わずに着られるということがあげられるだろう。
　ブラックスーツだらけの披露宴やパーティー会場で、ディレクターズスーツに身を包んだ男性がいれば個性が際立つことは間違いなく、その華やかな装いは女性の目も楽しませてくれるはずだ。

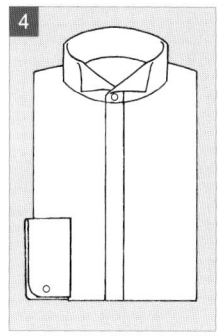

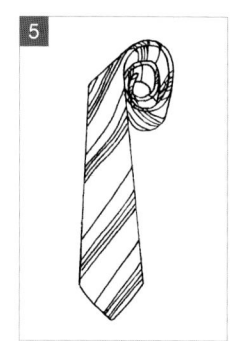

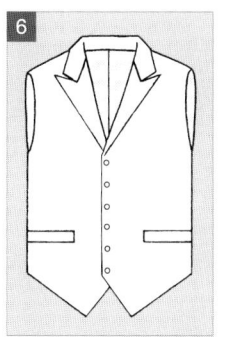

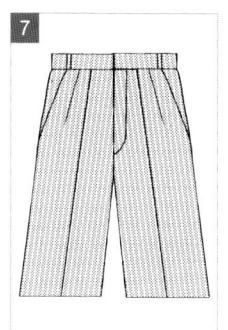

❶ シングル2ボタン、襟はピークドラペル。サイドポケットは両玉縁。ワイシャツはレギュラーカラー、ネクタイは白黒ストライプの結び下げ。ズボンは明るめのグレーのストライプ。ジャケットの色は黒・ダークグレー・濃紺の無地で、弔事の場合は黒にする決まり。

❷ シングル3ボタン3掛け、襟はピークドラペル。サイドポケットはフタポケット。シングルのピークドラペルがエレガントさを演出する。

❸ ダブル6ボタン2掛け、襟はピークドラペル。サイドポケットはフタポケット。ディレクターズスーツはシングルが一般的だが、ダブルでもOK。

❹ ワイシャツの襟は図のようなウイングカラーか、レギュラーカラーを。色は白無地。

❺ ネクタイはワイシャツがレギュラーカラーの場合はシルバーグレーか白黒のストライプで結び下げ、アスコットタイの場合はウイングカラーのワイシャツを着用。弔事の場合はレギュラーカラーのワイシャツに黒のネクタイを。

❻ ベストはジャケットと共布で、色は明るいグレー系。弔事の場合はジャケットと同様に黒。

❼ ズボンは「コールズボン(ストライプドトラウザーズ)」と呼ばれ、基本はモーニングと同様だ。裾の折り返しはシングル。黒とグレーのストライプで通常はグレーの幅が広いもの、弔事には黒のストライプ幅が広いものを用いる。慶事であればストライプ柄ではなくハウンドトゥースを選ぶなど、遊びを入れることも可能。ベルトではなくサスペンダーで吊ると、美しいズボンのラインを出すことができる。

❽ 靴はカーフ(仔牛)素材が用いられた黒のストレートチップが基本。ドレッシーなバルモラルのプレーントウでもOK。

Chapter.2 **Formal** 073

Morning Coat
モーニングコート

　昼の正礼装である「モーニングコート」は、結婚式の多い休日にホテルのケーキバイキングなどに出かけ、ついでを装って披露宴会場に潜入する……というのならともかく、実際に目にする機会というのは少ない。では、どこでお目にかかれるのか？ モーニングコートを着るのは結婚式の主賓や媒酌人、新郎新婦の父親だ。または昼間に行われる国の式典、褒章の授賞式に出席する人たちも着用するし、弔事には喪主の装いとしても用いられる。

　コートという名前の通り着丈が長く、前の裾部分が斜めに切られているのが特徴。上衣は黒が基本だが、イギリスのアスコット競馬場で開催されるロイヤルアスコットミーティングという競馬レースを観戦する際には、グレーのモーニングコートを着用する習慣がある（当然ながら貴賓のみ）。

　昼間のフォーマルウエアとしては最上級の装いであるが、行事の主催者や主賓、媒酌人などは年配の人が多く、美青年というよりは上品なおじさまに端正に着こなしてもらいたい。

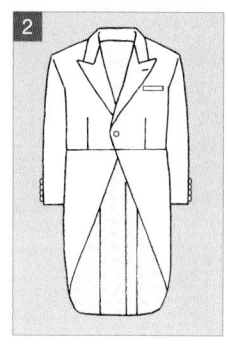

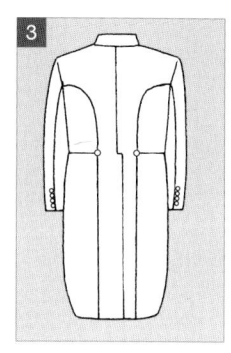

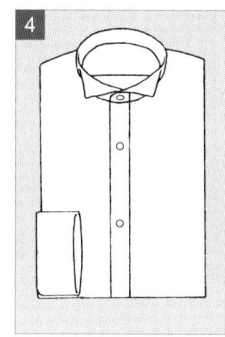

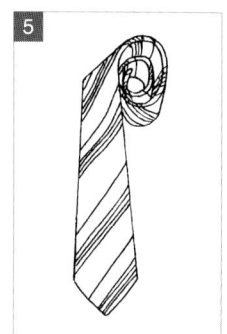

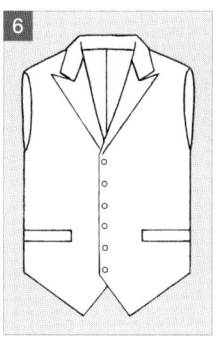

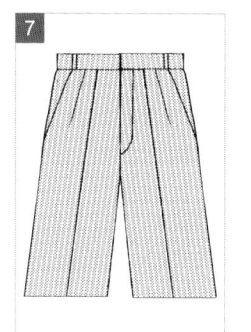

❶ 黒のシングル1ボタン、襟はピークドラベル。素材は弔事にも用いられるため光沢がないものとなる。グレーかクリーム色の革手袋を持つ。
❷ 前面。原型である、フロックコートの前裾部分を斜めに切り落としているため「カッタウェイコート」とも呼ばれる。
❸ 背面。腰のあたりに飾りボタンがふたつついている。
❹ ワイシャツはウイングカラーの白無地で袖はダブルカフが基本。真珠や白蝶貝などのカフリンクスで留める。
❺ ネクタイは白黒のストライプの結び下げかアスコットタイ。
❻ ベストはシングルまたはダブルで、色はグレーかアイボリー。黒の場合は襟に着脱可能な白襟をつける。
❼ ズボンはストライプのコールズボンで、裾は後ろが長くなるよう斜めにカットしたモーニングカット。ベルトではなくズボンのラインが美しく出るサスペンダーを使用。
❽ 帽子着用の場合には黒のシルクハット。
❾ ディレクターズスーツの靴と同様で、カーフ素材が用いられた黒のストレートチップが基本。ドレッシーなバルモラルのプレーントウでもOK。

Chapter.2 Formal

Tuxedo
タキシード

　夜の正礼装である「タキシード」には、黒と白でまとめられた正式なタキシードのほかに、花婿や身内だけのパーティーなどで着用する装飾の施された「ファンシータキシード」がある。ちなみに、タキシードはアメリカでの呼称で、イギリスでは「ディナージャケット」と呼ばれている。

　正式なタキシードは、パーティーが頻繁に開かれる海外では身につける機会も多そうだが、一般の日本人男性が着用する機会は少ないかもしれない。夜に執り行われる結婚披露宴では、新郎よりも目上の立場であれば着用することができるが、それ以外では豪華客船に乗船してディナーを楽しむとき、セレブな友人を作って日本のどこかで行われているパーティに潜入するとき……くらいしか着るチャンスはないだろう。ドレスコードに「ブラックタイ」とある場合はタキシードを着用するように。

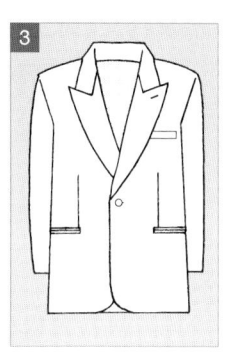

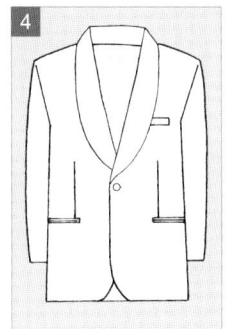

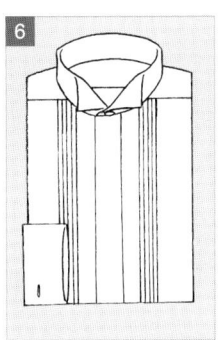

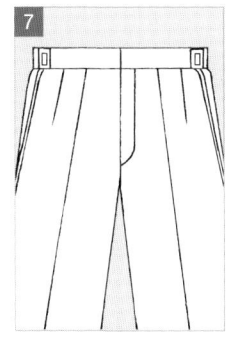

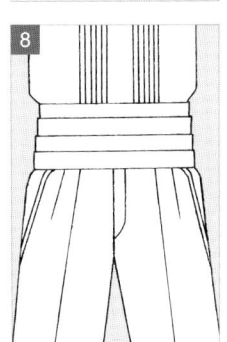

❶ 図はシングルのショールカラー。ダブルでもOK。黒の蝶ネクタイに、白のウイングカラーのワイシャツ。袖ボタンは4つ、ベントはノーベント、サイドポケットは両玉縁が正式。

❷ ダブル4ボタン、襟はピークドラペルで拝絹がつく。

❸ シングル1ボタン、襟はピークドラペルで拝絹がつく。オーソドックスなスタイル。

❹ シングル1ボタン、襟はショールカラー。日本では「へちま襟」とも。

❺ ネクタイは黒の蝶ネクタイ。

❻ ワイシャツは白のウイングカラー。レギュラーカラーでもOK。前身ごろに細かいプリーツ（またはフリル）が入り、前立ては比翼仕立ての場合を除きスタッドボタンで、袖はカフリンクスで留める。

❼ ズボンは黒で両脇にブレード（側帯）が1本ずつ入る。裾は必ずシングル。ベルト通しはないため、サスペンダーで吊る。サスペンダーは黒無地を使用。

❽ ベストを着用しない場合は、カマーバンドを着用。ヒダの向きは上向きが正しい。ちなみにベストを着用する場合は必ず黒色で、シングル・ダブルどちらでもOK。

❾ 靴は黒のエナメル素材で飾りリボンのついたオペラパンプス、または黒の内羽根式のオックスフォードタイプ。

Chapter.2 Formal

Swallow-Tail Coat
テイルコート

　夜の正礼装でありながら、昼の行事でも着用されることがある「テイルコート(燕尾服)」は、現在の最上級の正礼装である。オーケストラの指揮者や社交ダンサー、勲章の授与式等で用いられるため、タキシードに比べて目にする機会は多いが、実際に一般の男性が着用する機会となると、一生に一度あるかないか……といったところだろう。
　宮中晩餐会や国家が主催するパーティーなどは「ホワイトタイ」のドレスコードが基本となり、この場合はテイルコートを着用する。ちなみに、タキシードの「ブラックタイ」は合わせる蝶ネクタイが黒いこと、テイルコートの「ホワイトタイ」は白いことから、こう呼ばれる。
　テイルコートの装いは古い時代から変わらず、厳しいルールがある。白と黒の装いが絶対で、蝶ネクタイを含むスタッドボタンやカフリンクス、サスペンダーなどの小物は白色で揃え、帽子(シルクハット)や靴のみ黒色となる。また、蝶ネクタイとベストは共布で、白色のコットンピケが正式。

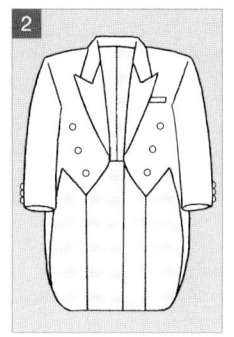

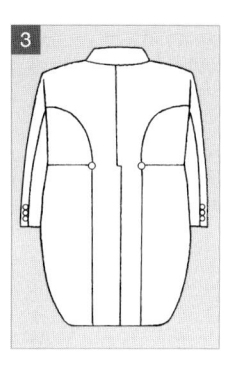

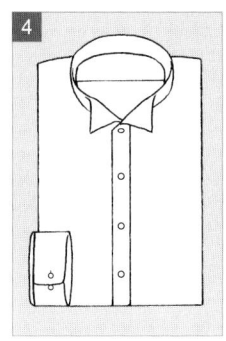

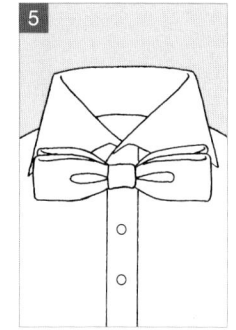

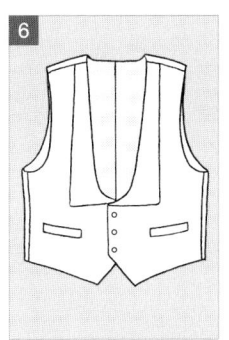

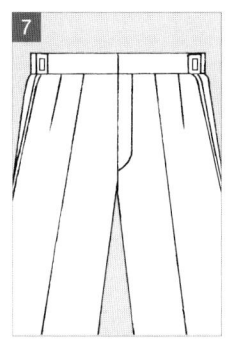

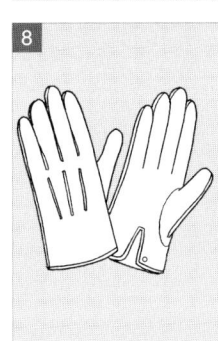

❶ 黒または濃紺のダブルで、前ボタンは留めない。襟に拝絹を被せる。
❷ 前面。モーニングコート同様に、フロックコートが原型となっている。
❸ 背面はモーニングコートと同様。腰のあたりに飾りボタンが2個ついている。
❹ ウイングカラーのイカ胸のワイシャツ。立立ては必ず白いスタッドボタンで留める。
❺ 蝶ネクタイはベストと共布のコットンピケ素材。色は白。
❻ ベストは襟のついた白のコットンピケ素材。
❼ ズボンは上衣と共布で、両脇にブレード（側章）が2本ずつ入る。必ず白のサスペンダーを使用。裾はシングル。
❽ 手袋は白の鹿皮製が正式。
❾ 靴は黒のエナメル素材で飾りリボンのついたオペラパンプス。

Frock Coat
フロックコート

19世紀後半から20世紀初頭まではイギリス紳士の日常着として、その後は最上級の正礼装として昼夜共に用いられてきた「フロックコート」は、モーニングコートとテイルコートの原型でもある。現在は正式なものを目にする機会はほとんどないが、結婚式では現代風にアレンジされたフロックコートを着た新郎を見ることができる。

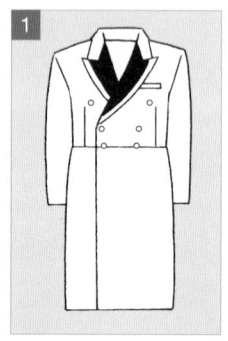

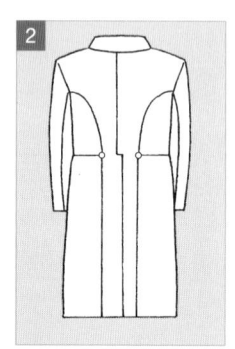

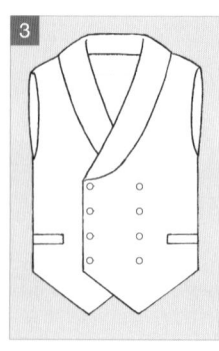

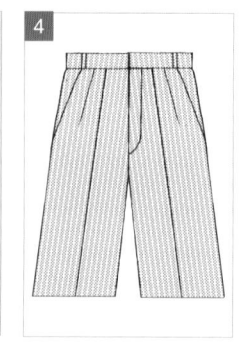

❶ 前面。ダブルで、オーバーコートのように裾が真っ直ぐになり、絞られたウエストと腰から上にボタンが3個ずつつくのが特徴。

❷ 背面。裾が真っ直ぐだが、モーニングコートとテイルコートは、背面についているボタンから下の部分を裾へ向かってそれぞれの形にカットしている。

❸ ベストはシングルとダブルがある。図は現代の結婚式などで使用されるフロックコート用のもの。

❹ 現代の結婚式などで使用される、フロックコート用のズボン。

規則に従い、個性も出す

Formal Item
小物類

華やかな装いのフォーマルスーツ。
それに合わせる小物に気を抜くことは許されない。
できるオトコは小物にこそ、こだわる。

Neck Tie
ネクタイ

■ **アスコットタイ**
変型タイの一種で、19世紀にイギリスのアスコット競馬場に集まる紳士の間で生まれ、当初はスカーフ状だった。現在の形は日本人が考案。

■ **バタフライ・タイ**
蝶ネクタイの一種で、結んだ形が蝶の羽根に似ていることから名づけられた。別名「ボウタイ」とも呼ばれる。

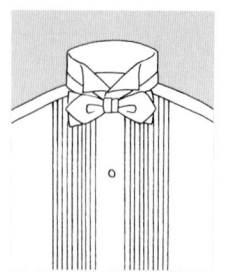

■ **ポイント・エンド・ボウ・タイ**
蝶ネクタイの一種で、左のバタフライ・タイと比べると結び目の左右の先が尖っている。

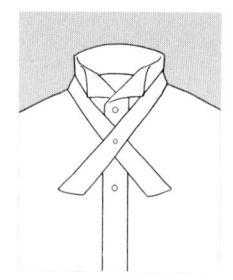

■ **クロスタイ**
変型タイの一種で、リボンをフロント部分で交差させ、交わった部分をタイ・タックで留めて使用する。

Suspenders
サスペンダー

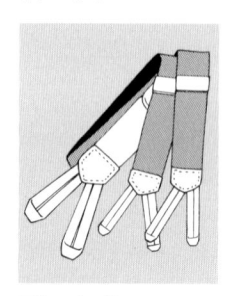

■ **サスペンダー**
ズボンを吊すためのボタン式のベルト。ズボンのラインが美しくでる。

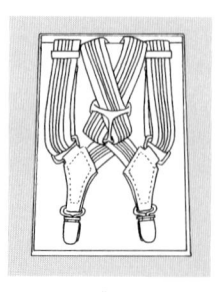

■ **サスペンダー**
ズボンを吊すためのベルトで、図はクリップで留めるタイプ。

■ **前面**
フォーマルウエアを着用する際は、サスペンダーで吊すのが常識。図は後ろで交差するX型のホルスタータイプ。サイドで留めるクリップ式。

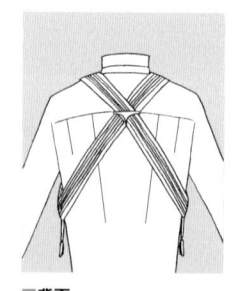

■ **背面**
背中部分のデザインはX型・Y型・H型があり、図はホルスタータイプのX型。X型は背中で交差するため、Y型に比べてずり落ちにくい。

Cuffs Links
カフリンクス

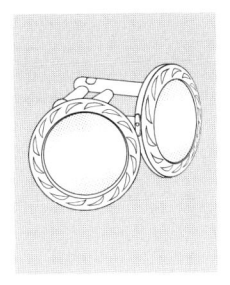

■白蝶貝
カフリンクスはワイシャツの袖を留める装飾の施された留め具。真珠や白蝶貝・黒蝶貝などの石が素材として使われる。図は白蝶貝。

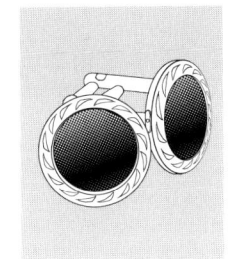

■黒蝶貝
主にタキシードに合わせる黒いカフリンクス。シンプルなデザインであればビジネススタイルに合わせてもOK。

■オニキス
黒い石のカフリンクスはタキシードに。モーニングやテイルコート、ディレクターズスーツは白い石のものを使用。

Point

■スタッドボタン／ワイシャツのフロントに飾るスタッドボタンは、カフリンクスと色や素材を合わせるのが正しい。

Hat
帽子

■シルクハット
モーニングコートやテイルコートに用いる礼装用の帽子。絹製でクラウン（帽子の山の部分）が平らになり、両端がやや反り上がっている。

■ホンブルグハット
礼装用の帽子の一種。シルクハットに次いでドレッシーとされる。巻き上がったツバとクラウンのくぼみ、リボンが巻かれているのが特徴。

■ボーラーハット
礼装用の帽子の一種。ホンブルグハットに次いでドレッシー。「山高帽」または「ダービーハット」とも呼ばれる。

Gloves, Socks, Pocket Chief
手袋、靴下、ポケットチーフ

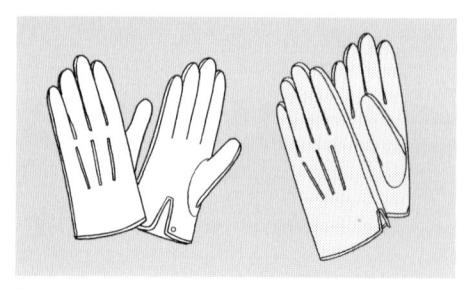

■手袋
フォーマルなスーツを着用する際は、手袋を持つか手にはめる。テイルコートとタキシードの場合は白を、それ以外はグレーかクリーム色になる。

■靴下
黒色であれば素材に指定はない。ズボンの裾からすね毛が見えない程度の長さを用意すること。

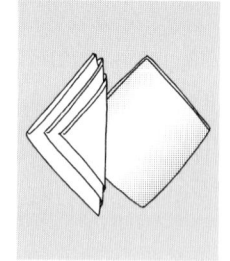

■ポケットチーフ
胸ポケットに挿すハンカチの色は、テイルコートを除けば白という決まりはない。

Arm Bands, Shoes
アームバンド、靴

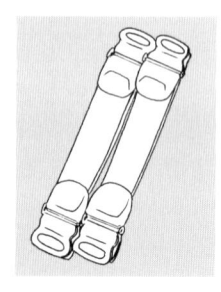

■アームバンド
オーダーシャツであれば袖の長さが合わないということはないが、既製品で袖が余る場合に使用するバンド。

■オペラパンプス
テイルコートやタキシードに合わせる黒のエナメル短靴。タキシードの場合はストレートチップでもOK。

■ストレートチップ
フォーマルシーンでは、黒のストレートチップまたはプレーントウの短靴を。カーフ(仔牛)素材が最適。

Chapter.2 **Formal**

■ ほのかに甘く
★三つぞろいのスーツ（中のベストは切り替えありのデザイン！）を着た男性が部屋に戻ってくる。上着を脱ぎソファにかけ、ネクタイを緩めながら近づいてきて「ただいま」とキスをしてくれる！〈toroshio／漫画家〉

「ねえ、今日なにが食べたい？」「ふふ、わかってるくせに」「あ、やだ、恥ずかしいってば」……ハッ、失礼（つい妄想スイッチが……）!!

★シックな色合いのスーツをカッチリ着こなしたツンデレ系教師に、一対一の個人授業をしていただきたい！ 一生教室を出ません（笑）。〈神風悠真／漫画家〉

ツンデレ先生が、個人授業でどんな顔を見せてくれるのかしら……。いつもより言葉遣いがぞんざいになったり？ 煩わしいジャケットを脱いでベスト姿になってくれたり？ 態度は冷たいけど、問題が最後まで解けたらフッと笑って頭をポンポンしてくれたり!? ぎゃー!! いますぐ私も個人授業受けますっ!!!

★仕事で疲れた男前さんのゆるんだネクタイをなおしてあげたい！〈丸山咲良／会社員〉
★会社の車（軽）で営業帰りにデートする。もちろん上着は脱いでネクタイもゆるめて〈花音／学生〉

ネクタイをゆるめて油断した姿を独占♥ ネクタイを直してあげたりゆるめたり抜くたりってのもエロくて興奮しますな〜。

★アルマーニのオシャレスーツを着た彼氏に、都内の夜景のキレイなホテルとかで飲んだあと、お家に呼んでほしい。〈テリボ／その他〉

で、紳士から野獣に豹変……と♥ え、違う!?

★さ・せ・て・み・た・い・(強調)ことですか!?(コーフン!）シングルのスーツをきっちり着て、ロングコートを纏い、ビジネス鞄を持ち、メガネをかけた(←ポイッ!)一見クール(鬼畜)系なビジネスマンに、雪の降る中（雨でも可）、朝まで自分のアパートの外で待っていただきたい!! 朝、カーテンをあけ

たときに照れ笑いしてほしい！「どうしたの？」と招き入れたときに「ずっと見てたんだ……窓」と捨てられた子犬の目で訴えてもらいたい！そのあと抱きしめて「ごめん」って耳元で囁いてください!! お願いします（土下座）。〈霧野むや子／漫画家〉

ちょっと、ちょっと!! 仕事のできるクール系のスーツさんにここまでされちゃった日には、世界のすべてに感謝を捧げつつ、朝日の下をどこまでも走り続けてしまいそうですよ！ ナイス妄想!!

■ ドリーム
★カジュアルなスーツを着た、レミオロメンの藤巻さんに、人ごみの多いところで、人にぶつかりそうになったとき、「危ないっ」って言われながら抱きしめてもらったら最高ですね。〈ミー。／学生〉

「人ごみ」ってのがすごいリアル。偶然の出会いってのはやっぱりこうでなくちゃね！

★スーツに馴染みがないような男性（お洒落じゃないわけじゃなくカジュアル派）が有名デザイナーに見出され惚れ込まれて、段々とスーツの似合う大人の男に磨かれていく様を描くとか……。日頃から着ている人より、着てみたら意外なほど似合っててまわりも驚くシチュエーションが萌えます。〈桜井綾／漫画家〉

『マイ・フェア・レディ』の男性版ですね。うんうん、素敵です！「スーツを着る前段階として、体に合ったものを仕立てる、という行為事態にエロスを感じる」というご意見もあり、こちらも納得！

■ 番外編・ネクタイ・腕時計・メガネ萌え
★腕時計を見る仕種に萌え（むしろ見る前に腕をのばして時計を出す瞬間が好き）。〈檜山弘／漫画家〉
★ネクタイを締める&結ぶときの顎を少し上げてる仕種。萌。〈める〜／漫画家〉
★ちょっとだけ袖をずらして腕時計を見る仕種。喉元に指を入れて、ちょっとだけネクタイをゆるめる仕種。これは「ちょっとだけ」がポイントで、本当にネクタイを崩すのはダメです。〈美浦吉野／会社員〉
★打ち合わせ中に取引先のオヤジが下らな

いギャグを連発。内心の動揺を押し隠すために、片手で顔を覆うようにしてメガネの位置を直す真面目スーツさんの姿に萌える。〈黒崎則恵／ライター〉

■ちょっぴりハードに
★もちろん、「H」。ベッドに相手を押し倒して身動きを封じつつ、自分のネクタイをゆるめる……って感じで。〈東条司／会社員〉

おぉ～激しいですね、淫らですね！ ネクタイはゆるめるけど、ほかはちゃんと着たまま……だったりするんですか？ するんですかー!!!!!! 萌え。

★普段堅いイメージの人物が、仮面が外れて乱れる……とかのギャップがたまらないので、スーツは昼間はきちんと着こなしていてほしいです。夜は……ねぇ？〈※／漫画家〉

同感！ 昼間はストイックに、夜はエロエロ……。カレの乱れた姿を知ってるのはオイラだけだぜ!! って感じですね（←お、オヤジ？）。

★めったにスーツを着ない男性にキッチリスーツを着させて、その「キッチリ」を「淫ら」にさせたい（笑）。〈小雪／学生〉

着るのと脱ぐのは表裏一体。着てもエロいし脱いでもヤバい……スーツってイヤラシイ（笑）。

★ミッチーのような王子様タイプの男性と、パーティーのあとホテルのスイートへ。もちろんミッチーはタキシードね。恥じらっている私にミッチー（仮）が優雅に微笑み、「キミの手で、脱がせてほしいな」。さらに、彼のドレスシャツを飾る繊細な白蝶貝のボタンを震える手で外していると、優しく私の手をつかんで「震えてるの？　かわいいね」と耳元で囁いてくれたら、イキます（どこへ？）！〈かおりん／ライター〉

むしろこっちが野獣になる、くらいの勢いで！ 蝶タイもカマーバンドもむしり取り、ドレスシャツは破り捨て……で決定ですね!!

★『大奥』や『医龍』にも出ている北村一輝さんでひとつ!! あのなにか危ないものを隠し持ってそうな笑顔で壁に叩きつけられて、「もう逃げられないんじゃないの？ どうする……？」ってスーツ着てる時に言われたらそのまま死んでも構わない！〈ミー。／学生〉

もう、どうにでもして～っ!!!

■男×男
★上司と部下のカップリングでコンビニで買い物してそのままいずれかの家にお泊まりして翌朝いっしょに出勤してほしい。〈九州男児／漫画家〉

うんうん、単なる同僚とは言わせません。ふたりはカップル、これ決定ー！ おいしいスーツ君たちの愛を双眼鏡片手に見守っていきたいですね。ムフー！

★ダブルのスーツを着た、地位も名誉もある性根純粋で優しくもプライドの高い男性に、自分の属する組織を守るがゆえの切羽詰まった状況で、無理やり18禁よろしくなことをさせてみた……（殴）。すみませんごめんなさい。仕事で外を移動中にふいに見かけた少年サッカーに飛び入りで参加してもらいたいです。そのときはぜひ上着（めっちゃ高い）を脱いでそこらへんに放り投げてください。〈しょうこ／学生〉

自分をごまかしちゃダメよ!! スーツって仕事や義務に縛られているという拘束感を感じさせるところが妄想を誘うんですよね～。そんな男性が無理矢理……ってのも萌えるし、上着を脱ぎはらって童心に返る姿も美しい。でも、ワイシャツ姿も十分エロいですから！

■番外編・女性のスーツ萌え
★シンプルでも、カッティングか綺麗で、ボディラインに沿った黒スーツの下に、真っ白なシャツ（胸元が覗く感じ）というのが似合ってる人がやるとすごくエロかっこいいと思います♥〈龍胡伯／漫画家〉

★細身のダークカラーにストライプのパンツスーツ。シャツは白でポニーテールの上司にノックアウト気味でした（笑）。あと、春夏に中がハイネックorVネックのシャツで細身の白スーツ（パンツスタイル）のお姉様が同じ通勤時間にいらっしゃって素敵です。〈める～／漫画家〉

★パンツよりスカートがイイ！ もちろんひざ上。ストッキングは黒。萌えるのはスカートのファスナーをあげるとことか、シャツのすき間からブラが見えたり……とか。〈まきぞう／ライター〉

デキる女性のシャープなスーツ姿もよいけれど、地味そうなスーツ姿も……いろいろと想像力をかきたてられますな。むふ♥

■ オフィスラブ
★シワのまったくないダブルのスーツを着た上司が、部下をダンディーに口説くシーンをみてみたいです。〈紫苑崇／漫画家〉

部下は上司にイ・チ・コ・ロ！ シワ無しは常識ですね。スーツがシワシワだと興ざめです。部下もプンプン！ ですよ!!

★ダブルを着た、金と権力を持ったちょっと性格の悪い上司に、マイオフィスに呼び出されて、あんなことやこんなこと……みたいな？〈浅葱洋／漫画家〉

え、アブナイイジワルされちゃったり？ きゃ～、してしてっ!!

★細身のスーツを着て、ネクタイで相手を縛りつつ、人が来そうでこないそうなどっかの物蔭で、レッツプレイしてほしいです!!! にこやかに微笑んでほしい!!!〈雪／会社員〉

にこやかに、ってのが鬼畜っぽい！ これでスーツ着てなきゃ許されませんよね!?（そういう問題ではない）

★いつもは温厚で、理知的で、笑顔の似合う素敵なメガネ男性が、残業中にいきなり豹変！ 仕立てのよい上質のジャケットを脱ぎ捨て、品よく結ばれたネクタイを荒々しく抜き去りながら、無表情で近づいてきます。いったん立ち止まり、驚いて動けない相手の目をじっと見つめて静かに一言、「こっちへおいで」……。〈黒崎則恵／ライター〉

スーツとともに理性をかなぐり捨てる姿に激☆萌え。

■ 番外編・仕種萌え
★足を組んで書類を見ているときに、（少しイライラしているのか）頭に当てた手の人差し指がトントンと額の横を叩く様子。〈toroshio／漫画家〉

★びしっとスーツ極めてる人がメガネをくいっと直したりなんかしたら転がります。ネクタイゆるめてちょっとよれた格好の人が煙草吸ってくれたらごろごろ悶えます。〈斯波司玄／会社員〉

★「ちょっと待って」と書類をもち、考え込む仕種。なかなかの難題なため、無意識に腕のボタンを外し、腕まくり……目が離せません！〈霧野むや子／漫画家〉

★スーツを着た上でのコートの着脱。ネクタイを結ぶ動作、ノットに指を引っかけてネクタイをゆるめる動作。腕まくりしたシャツのシワ、そこから見える前腕やら手首のスジ。〈ジイン／イラストレーター〉

■ 番外編・仕種萎え
★椅子に座って脚を組むのが、好きではないです。大抵はラインが崩れて足の曲線が露わになったりしていて、見てて辛い。あとジャケットのポケットに手を突っ込むのも。ジャケットのいちばん下のボタンを留めてるのも！〈陣内／ライター〉

★上着の裾から手を入れて、ズボンやベルトを直している仕種（トイレの後やズボンがずれそうなときなどの……）。〈toroshio／漫画家〉

★酔っぱらってネクタイとかを頭に巻いてたりするところ（今時そんな人がいるかは知りませんが）。至るところをシワシワにしちゃってるところも頂けない。安いスーツでもきちんと上手く着こなしてほしいな。〈ケンケン／会社員〉

ズボンをずりあげる仕種は、欧米ではとても下品な行為とされています。ネクタイを頭に巻いている姿にいたっては、もう、情けなくて言葉もありません……。いますぐネクタイに謝れ!!

Celebrity
第3章【紳士の社交服】

19世紀・英国スタイル ················ P.091
明治・大正・昭和初期 ················ P.097
王室御用達 ································ P.101

スーツのダンディズム

現在のスーツの原型が生まれたのは、19世紀のイギリスと言われてます。

スーツ誕生に至る細かな変遷についてはまあ、ぶっちゃけどうでもいいのですが、当時の上流社会を想像してみるとワクワク、ドキドキしてしまいます。王を頂点とする封建国家、そして**絶対的な階級社会**。確固たる序列が支配していた社交界に富を手にした資本家たちが次々と参入し、**由緒正しい貴族**たちと**エネルギッシュな野心家**たちが、せめぎあったり手を結んだり！ 気位の高い良家のお坊ちゃまが、成り上がりの強引な美青年と紆余曲折のうえで友情（？）を育み──なんてこともあったかもしれません。

ともあれ、イギリス史上でもっとも繁栄したこの時代に三つぞろいのスーツが生まれ、モーニングコートやテイルコートなどのドレスコードもほぼ固まります。最先端のイギリス紳士服は「ダンディ」という言葉とともに世界各国へと広がり、当時、西欧の文化や技術を取り入れようとしていた日本にももちろん流れ込んできました。

さて、この時代の紳士服のキーワードは、ずばり「**目立たないこと**」。カントリーではある程度活動的な、また色彩豊かなジャケットや帽子などが認められましたが、タウンや社交の場においては、細かく決められたドレスコードに従い、黒や白といったシンプルな色合いのみで装います。ぱっと見、男性は**全員お揃い**です。**壮観**です。鼻息も荒くなろうというものです。

「決まったファッションならさぞ無難でつまらないことだろう」とお思いですか？ しかし、それは大きな間違い。金とヒマを持て余した紳士たちがお洒落にかける情熱は大変なもので（いやもちろん、社交はビジネスをも左右する重要な役割を果すのですから、真剣になるのは当然なんですが）、彼らは服そのものの素材にどれだけ金をかけられるか、そして小物使いでどれだけ他人と差をつけられるかに腐心するわけです。キメキメのお洒落じゃなくて、その場に**上品に埋没しつつも**、見る人が見れば「**ほほう、やりますな**」と感嘆される、そんなお洒落です。「紳士は目立ってはいけない」という制約を逆手にとった高度なお洒落は、いまで言うところの「**ナチュラルメイクにこそ、テクニックが試される**」という精神に通じそうです。

具体的には、フラワーホールに挿す花やカフリンクス、スタッドボタンなどを念入りに選び抜き、ピカピカの靴やプレスの効いたリネンのシャツを身につけ、ズボンのラインはサスペンダーで美しく整え、顔には1日に何度も剃刀をあてて無精髭の存在を抹殺し、髪は端正になでつけます。

かといって、**あまりにも完璧すぎてはわざとらしく、ダンディズムにも反する**ので、場合によっては小物使いなどであえて隙を作ってみせるというこだわりようなのです。

そんな彼らが特に熱中したのが、タイの結び方。

当時は、現代と比べても豊富な種類のタイがありました。さまざまな幅や長さのタイを服に組み合わせ、あらゆる巻き方・結び方を試してお洒落を競いあっていたのです。

SUBARASHII!

ひとつ覚えの「クールビズ」をお題目に、老いた首筋を恥ずかしげもなくテレビにさらしている**どこぞの政治家たちに教えてさしあげたい**くらいです。勝手ながら言わせていただくと、普段ワイシャツのカラーとタイで禁欲的に覆われているからこそ、たまに見える首筋がセクシーなのです、もし健康的に、開放的に見せたいのであれば、ポロシャツやアロハでも着ていればよいではありませんか!!

──失礼。ここぞとばかりに力説してしまいました。

さて、タイは個性を演出するものでもありますが、その一方で、お揃い感を強める場合もあります。出身校や所属するクラブを表す「クラブタイ」がまさにそれで、かつて英国紳士たちは、自分が身を置いたパブリックスクールや大学、学部等を表す「スクール・タイ」、カレッジ・ジェントルメンズ・クラブやスポーツ・クラブなどを表すタイなどを何本も持ち、その種類や数を誇りにしていました。

まさに階級意識が強い社会ならではの風習ですが、学校を卒業してから何年経とうが、そこで培ってきた愛校心やジェントルマンシップが、生涯彼らを支え続け、結束を固めさせる役割を負っているのでしょう。

女性には入り込むことのできない、**男同士のディープな世界**。その証がクラブ・タイに表れていると思えば、なんとも愛しいではありませんか！ 今後とも、ぜひその風習を残していただきたいと思います。スーツLOVE♥

Column 03

タイは個性を演出するものでもありますが、お揃い感を強める場合もあります

ダンディズムは英国から始まった。

British Style in 19th century
19世紀・英国スタイル

「誰も気づかず、振り向かないのが紳士の服装である」
資本家たちが上流階級の仲間入りを果たしたころ、
ジョージ4世に重用されたひとりの伊達男が、こう説いた——。
紳士たちの服装からは華美な装飾や派手な服地が消えてゆき、
白黒を基調としたシンプルな服装が誕生する。

19世紀のイギリス──当時、産業革命で隆盛を極めていたこの国で、スーツの原型は形作られた。華美な服地やふくらはぎの詰め物で男らしさを競っていた上流紳士たちは、「誰も気づかず、振り向かないのが紳士の服装である」というジョージ・ブランメルの説に共感し、白と黒を基調にしたシンプルな服装に傾倒してゆく。これが英国のダンディズムの始まりである。

上着の色は19世紀中頃までにはほとんど黒に、唯一華やかさが残っていたベストも白か黒に統一。こうして、昼間のフロックコートと夜のテイルコート(燕尾服)の着用は、紳士たちの正装として完全に定着していった。こうした簡素化の影響を大きく受けて、我々の愛するスーツは生まれたのだ。

04

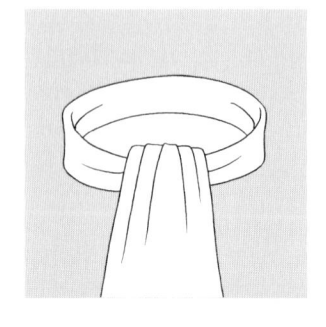

01　　　　　　　　　　　02　　　　　　　　　　　03

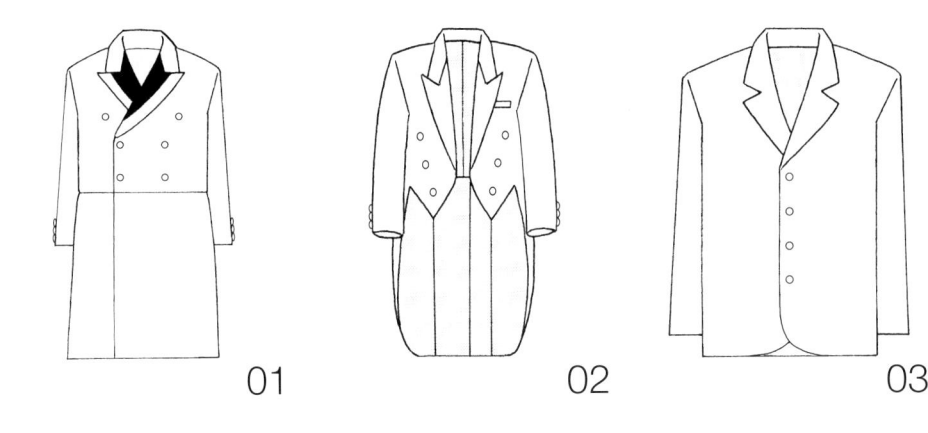

　スーツの原型としてまずあげられるのは「ディトーズ」。それまでは別々の生地で作られていたジャケット・ズボン・ベストを、同一の生地で仕立てたものである。その後、シングル4ボタンの「ラウンジジャケット」が登場。これは堅苦しいディナータイムの後にラウンジでくつろげるようテイルコートの裾をまるく裁ったもので、むろん正式な席で着用できるものではなかった。ラウンジジャケットはその後さらに簡素化され、シングル3ボタンのオックスフォード型、ダブル6ボタンのケンブリッジ型などが人気を博した。まさにこれがスーツの直接のご先祖様で、イギリスでラウンジスーツと言えば、日本でのスーツを指す。

　さて、社交服・室内着ともにシンプルさを加速させていったイギリス紳士服であったが、だからこそ、ダンディな紳士たちはシンプルな上品さを損なわずにかっこよく、美しく装うことに夢中になったようだ。それがもっとも顕著にみられるのがネクタイ（クラヴァット）である。当時のネクタイはリネン（麻）・絹・モスリンなどでできた帯状の布をのり付けしたもので、それぞれの工夫を凝らした結び方は、いまでも一見の価値がある。

[01]フロックコート／モーニングコートの原型。シングルとダブルがあり、シングルは当時御者などがよく着用していた[02]テイルコート[03]ラウンジジャケット／シングル4ボタンが基本。ズボンと揃いのラウンジスーツは、現在のスーツの原型となった[04][05][06][07]クラヴァット／当時のネクタイ。シンプルな幅広の布だが、紳士たちはこの結び方でお洒落を競い合った

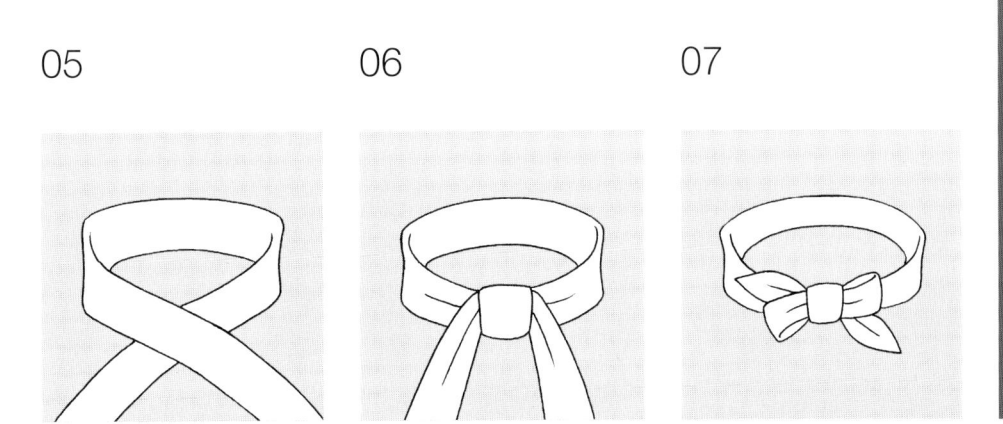

05　　　　　　　　　　　06　　　　　　　　　　　07

Chapter.3 Celebrity

01　　　　　　　　　　02　　　　　　　　　　03

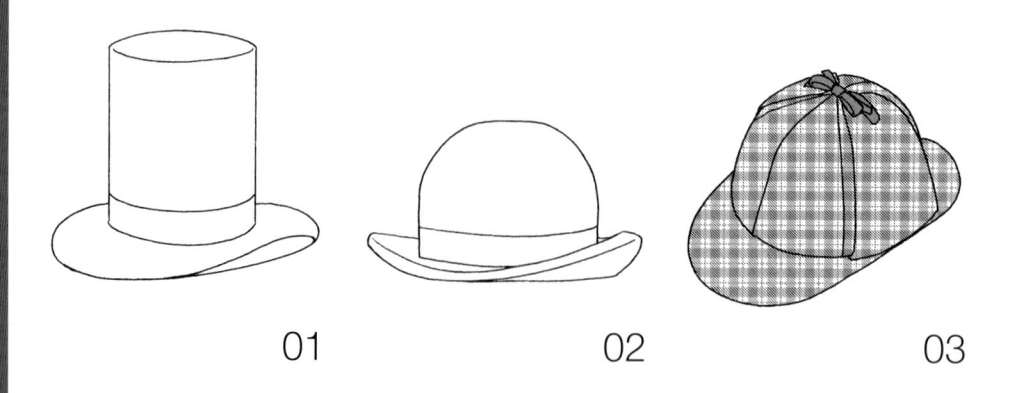

　ダンディズムを旨とする英国紳士たちのこだわりは細部に及んだ。ネクタイ、立襟のシャツ、靴や靴下、帽子、手袋、ステッキなど、ありとあらゆる持ち物に神経を使い、お洒落を競いあったのだ。
　白のシャツやタイ、ハンカチなどは、色や柄で個性を出すことができないぶん素材にはこだわり、最高級の素材であるリネンをよく用いた。もちろん紳士が身につける以上、ほかの服同様、しわひとつなくアイロンがけされたものでなければならない。
　帽子はこの時代、筒状でつばつきのトップハットが普及したが、なかでも艶出しされたものをシルクハットと呼び正装用に用いた。トップハットは労働者階級にまで大流行するのだが、19世紀後半に入るとてっぺんを丸くしたボーラーハットやカンカン帽が流行り、ラウンジスーツと共に、非公式な場やレジャー用として広く用いられるようになる。
　また手袋やステッキは、手を労働に用いる必要のない上流階級の証でもあった。紳士淑女は、手にぴったりとフィットする革製の高級手袋を常に使用し、室内であっても人前では決して外さないのがマナーとされていた。
　ステッキは、意匠を凝らしたさまざまな材質のものが使われていたが、当時人気があったのは、軽くて丈夫な藤製の棒に、凝ったデザインの握りをつけたもの。握りの部分が薬入れやかぎ煙草入れになっているものや、握りのスイッチを押すとステッキの先端か

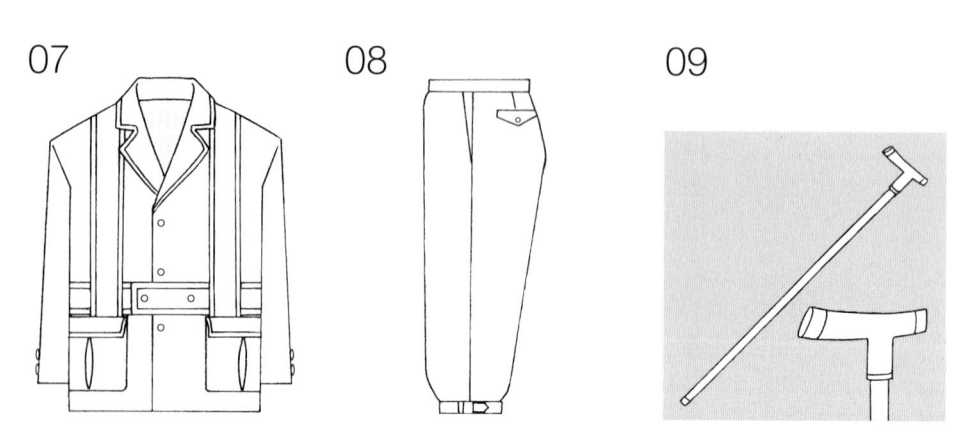

07　　　　　　　　08　　　　　　　　09

04　　　　　　　　　　　05　　　　　　　　　　　06

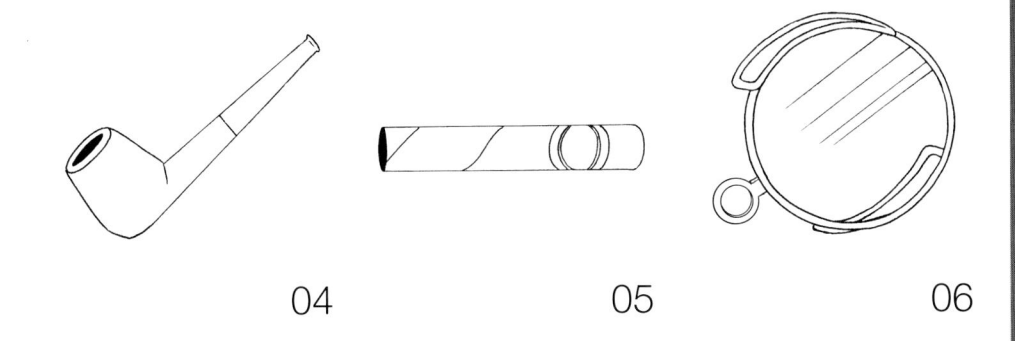

らナイフが飛び出すという護身用の仕込み杖などもあり、紳士たちのこだわりを垣間みることができる。
そして、当時大きな技術革新をはたした雨傘も、紳士の「持ち物」として大流行する。ステッキも雨傘もアクセサリーとしての意味合いが大きく、本来の役割を果すことはほとんどなかったようだ。また、凝った鎖のついた美しい懐中時計や、片眼鏡（モノクル）などもお洒落な実用品として紳士たちに愛用された。
さて、貴族といえば自らの領地で狩猟やゴルフを楽しんだものだが、こういったレジャー・スポーツ用の服装もこの時代に大きく進歩する。前後の身頃にプリーツをあしらって動きやすさを確保したノーフォークジャケットと、膝下丈のゆったりしたニッカーボッカーズが流行し、ディアストーカーやハンティング（鳥撃帽）、ブーツなどと組み合わせて非公式な場でもてはやされた。こういった服装は時代が下るにつれ一般にも広まってきたが、最初に取り入れるのはいつも、お洒落に敏感な上流紳士たちだった。

【01】トップハット【02】ボーラーハット（山高帽）【03】ディアストーカー（鹿撃帽）【04】パイプ／19世紀の初めごろには上流階級で流行ったパイプは、後に労働者階級で使われるようになる【05】葉巻／アルバート公が好んだことから、19世紀半ばごろから上流階級で流行り始めた【06】片眼鏡【07】ノーフォークジャケット／紳士が野外で着用するスポーティーなジャケット【08】ニッカーボッカーズ／膝下丈の動きやすいズボン【09】【10】ステッキ／握りの部分には思い思いの趣向が凝らされている【11】手袋

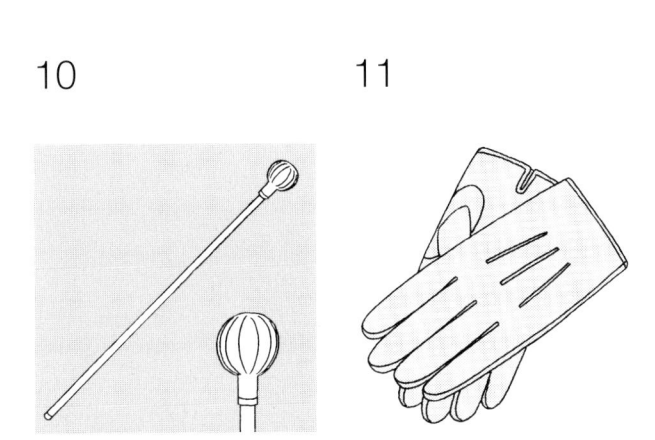

10　　　　　　11

19世紀のイギリスといえば、ヴィクトリア女王の治世のもとで経済が成熟した大英帝国の絶頂期である。経済だけでなく芸術も花開き、数々の名画や名作文学もこの時代に生まれている。ブランメルと並ぶダンディズムの先駆者オスカー・ワイルドや、映画『マイ・フェア・レディ』の原作者としても有名なバーナード・ショー、コナン・ドイルもこの時代の文学者である。

　さて、ドイルが生み出した名探偵シャーロック・ホームズは何度も映像化されているので、その姿を印象に残している人も多いことだろう。家の中ではラウンジスーツ姿でパイプをくゆらせ、外ではフロックコートやテイルコートにトップハット姿。郊外に赴くときには身軽なノーフォークジャケットやニッカーボッカーズに、インヴァネスコートを翻して颯爽と動き回る。そしてときには、ステッキを振り回して格闘までしてみせるのだ。そんなホームズの服装を追っているだけで、当時のフォーマル・インフォーマルな場でのドレスコードが見えてくるはずだ。

　ちなみに、ホームズにしょっちゅうこきおろされているスコットランドヤード（ロンドン警視庁）が創設されたのも19世紀。独特の黒いヘルメットは、現在でも同じデザインのものが使われているので必見！

和装から、洋装へ。

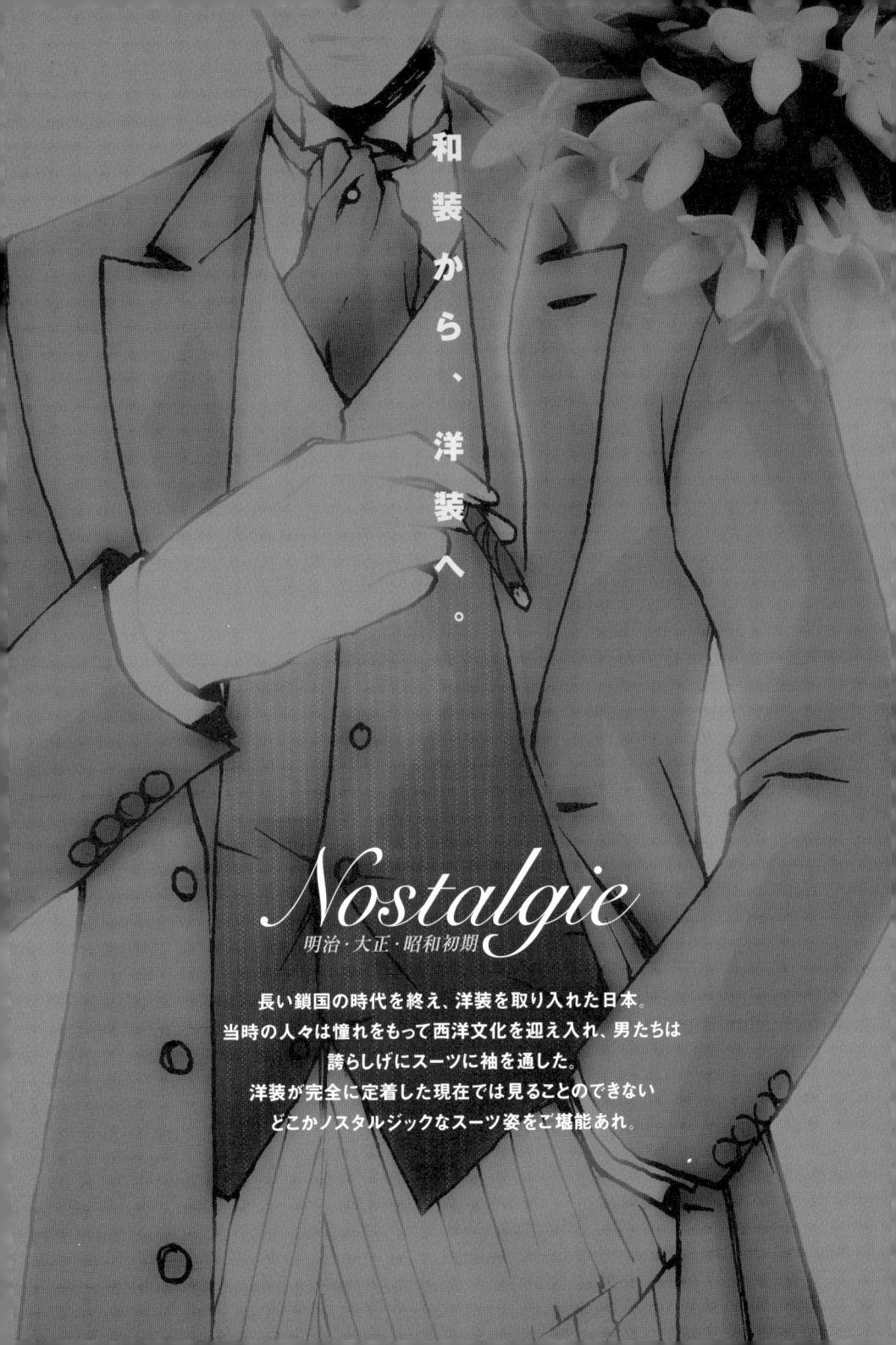

Nostalgie
明治・大正・昭和初期

長い鎖国の時代を終え、洋装を取り入れた日本。
当時の人々は憧れをもって西洋文化を迎え入れ、男たちは
誇らしげにスーツに袖を通した。
洋装が完全に定着した現在では見ることのできない
どこかノスタルジックなスーツ姿をご堪能あれ。

日本に洋装が入ってきたのは幕末の頃。洋装はまず幕府の洋式軍隊に取り入れられたのだが、当初は曲線の縫製に精通している足袋職人を集めて仕立てさせたという。また、明治維新と時を同じくして福沢諭吉が衣服仕立て局を設立。その後、業務は日本橋丸善に引き継がれる。

さて、日本が洋装を取り入れはじめた当時、世界の紳士服の流行を作っていたのは常にイギリスだった。皇族や華族の公式礼服もイギリスを手本としており、現在では珍しいフロックコート姿をいまも皇室の公式行事などで見ることができる。当然、明治・大正期の洋服はイギリス風のものが多く、ラウンジスーツに当てた「背広」という訳も、イギリスの名だたるテーラ

04

01 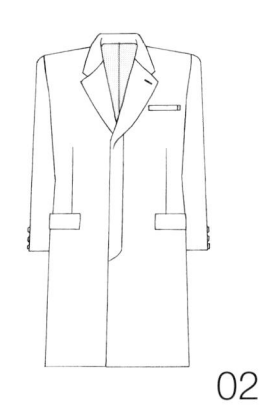　　　　　　　　　　02 　　　　　　　　　03

　　ーが立ち並ぶサヴィルロウ通りの名前が由来である。
　明治時代にはウイングカラーやポークカラーなどのハイカラーのワイシャツが流行し、こういった新しいものを取り入れたお洒落な人たちは「ハイカラさん」と呼ばれた。さらに大正時代になると洋服のお洒落を楽しむ人が増え、背広もゆったりとしたシルエットが好まれるようになる。そして大正後期から昭和初期に登場したモボ・モガが洋装化をさらに押し進め、当初は一部の特権階級のものだった洋装が、文化人や知識人、そして一般の人々へと広がっていったのだ。
　ところで、洋装化の過程ではさまざまな和洋折衷スタイルも生まれ、これがまた趣き深い。着物の下にキャラコ生地の立襟シャツを組み合わせた書生スタイルや、着物の上にインヴァネスコートを羽織った姿、また着物に帽子やステッキを組み合わせるなど、日本の紳士たちが思い思いに工夫を凝らした姿は、いま見ても粋である。

【01】インヴァネスコート／肩にケープが重なっているため、日本では「二重回し」「とんび」などと呼ばれ、着物に組み合わせることも多かった。【02】チェスターフィールドコート／テイルコートなどの正礼装の上に着用するコート【03】アルスターコート／ダブルブレステッド、ベルトつきのロング・オーバーで、トレンチコートの原型【04】着物に立襟シャツを合わせた書生スタイル【05】キャラコのシャツ／インド産の綿生地を「キャラコ」と呼び、当時はあらゆる日常着に使われた【06】ウイングカラー／立襟のワイシャツの一種【07】ポークカラー／ウイングカラーの、襟が折れていないもの。いまではほとんど見ることができない

05　　　　　　　　　　06 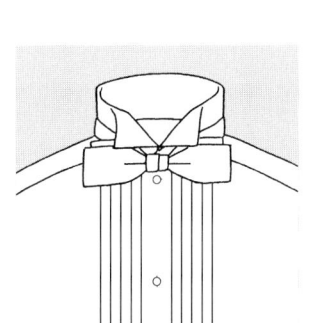　　　　　　　　　07

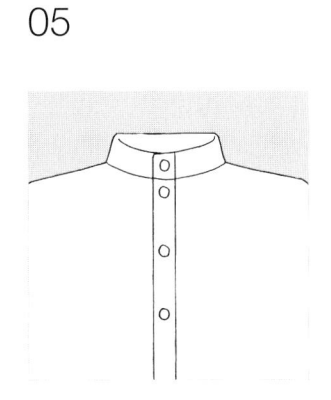

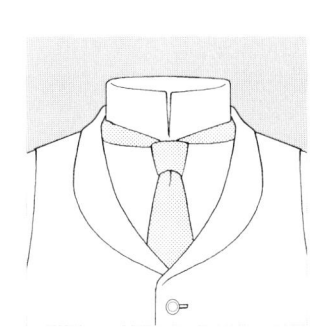

Chapter.3 Celebrity

01   02   03

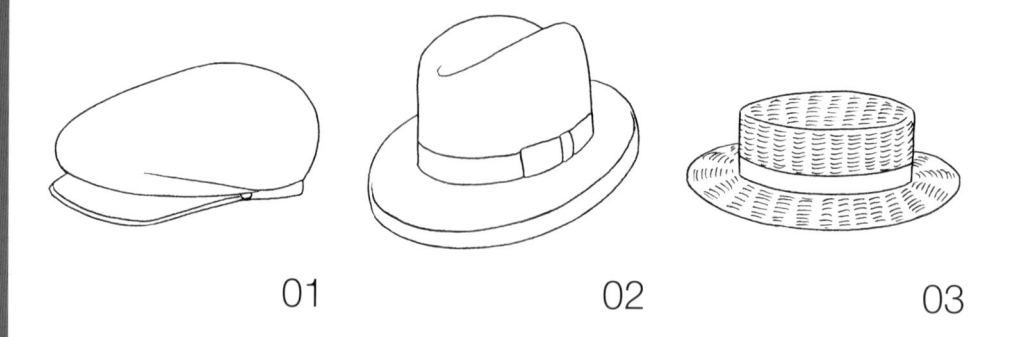

明治以降、断髪した男性たちが洋服とともに取り入れたのが、帽子のお洒落だった。

上流階級ではシルクハットや山高帽、ホワイトカラー層では中折帽など、そして労働者や職人、文士などの庶民的な層では鳥打帽やベレー帽などのつばのない帽子が愛用される。帽子はある意味、ステイタスシンボルでもあったので、羽織袴姿でも背広姿でも、殿方は外出時には必ず帽子を合わせてお洒落を楽しんでいた。

やがて戦争が始まり、昭和15年に「国民服令」が制定されると、教養人や文化人たちによって育まれてきた日本の背広文化も途絶えて国民服一色となり、残念ながら現代では背広に帽子を合わせる姿もほとんど見なくなってしまった。

古い映画や小説の中で、誇らしげに帽子を被って颯爽と街を歩く男性の姿が描かれていることがある。今の時代には失われてしまったレトロな姿にほのかなトキメキを禁じ得ない……。

【01】鳥打帽（ハンティング）【02】中折帽【03】カンカン帽【04】金時計／日英同盟の締結当時、ファッションリーダーとしても知られていたイギリス国王エドワード7世から、桂太郎首相に贈られた懐中時計。なお、懐中時計には「アルバート」と呼ばれる鎖をつけ、ボタンホールにつなげて身につける【05】明治天皇の靴／日本での紳士靴の製造も明治初期から始まる【06】きせる／廃刀令で仕事を失った金工家たちはその装飾技術を日用品に転用、紳士たちのアイテムを華麗に彩った

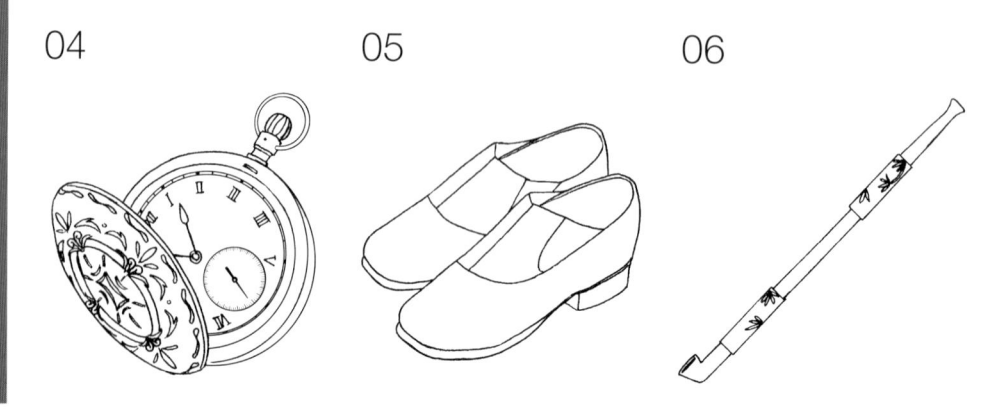

04   05   06

時代に磨き抜かれた逸品。

Royal Warrant
王室御用達

一流の紳士は、一流の品々を身につけるもの。
歴代の王侯貴族に献上され、愛され続けた名品の数々は
王室御用達の伝統と誇りを受け継ぎ、
その最高級の素材や仕立てによって、
いまも世界中のセレブたちに愛用されている。

01

一人前の男性なら、立場や年齢に応じたものを身につけるべき。セレブともなれば一流ブランドのオーダーメードにしか袖を通さないだろうし、本物の紳士であれば、人目につかないアイテムにすら決して手を抜くことはない。中世の時代から王侯貴族たちに愛されている、最上級の品々を愛用しているはずだ。

たとえば重要な契約書にサインをしようと、さりげなく取り出した万年筆。英国王室御用達・パーカー社製の最高級万年筆だとしたら、200万円は下らない。また、エリートビジネスマンが手にするライターが100円ライターではいただけない。ここは当然ダンヒル（英国王室御用達）のガスライターであるべきだし、彼のシガーを優雅に受け止めるのは、フランスの歴代

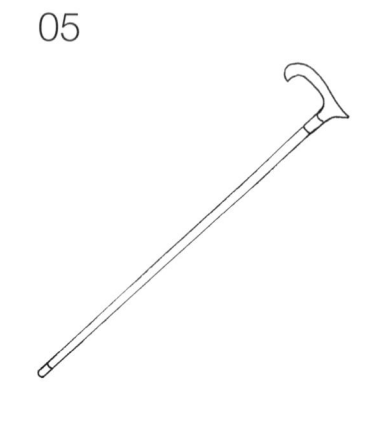

05

02　　　　　　　　　　　　03　　　　　　　　　　　　04

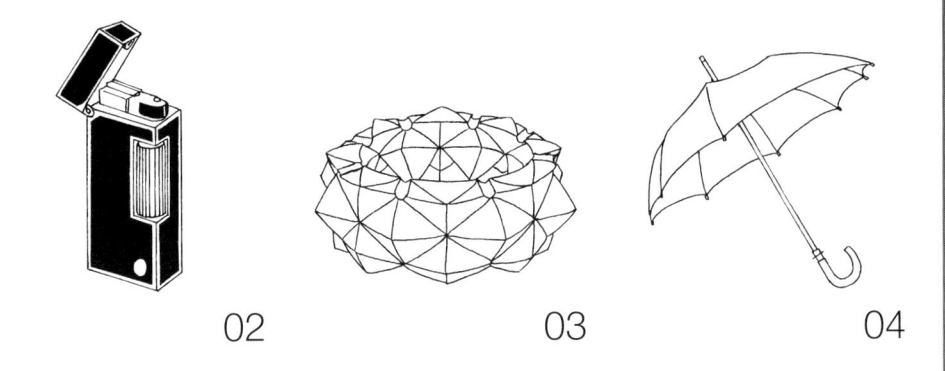

王室ほか数々の王室・皇室に愛されたバカラ社製のガラス灰皿だろう。

　英国紳士の伝統スタイルにこだわるなら、傘は英国王室御用達のブリックかフォックスのものを。ステッキなら、前ローマ法王にも愛用されたスペインのマニュエル・ガルシア社がことに有名である。また、御用達でなくとも伝統ある老舗ブランドは数多く、アルバートサーストンのサスペンダーは英国のチャールズ皇太子ら、多くの著名人に愛されている。我が国でもかつて「宮内庁御用達」制度があった。夏目漱石や吉田茂のメガネも手がけた村田眼鏡舗もそのひとつで、制作に半年以上を要する高級メガネをここで誂えるセレブは多い。大切なメガネは、ヨーロッパ各国の王室に愛されている美しいケースへ。メガネケースを作り続けて100年のドイツの老舗、ラインホルトキューンはいかがだろう。

　「高級ブランド」というと日本ではまだまだ拝金主義的なイメージが根強いが、品位を備えた本物の紳士であれば、こだわりぬいた逸品をさりげなく身に付けているはず。高級品をこれみよがしに飾り立てるのはくれぐれもやめていただきたいものである。

[01]万年筆「デュオフォールド・イスパルト・ソリッドゴールド・インターナショナル」(パーカー)[02]ライター「ローラガス」(ダンヒル)[03]灰皿「コルデュー」(バカラ)[04]傘(スウェイン・エドニー・ブリッグ)[05]ステッキ「法王モデル」(マニュエル・ガルシア)[06]「Y字型クラシック2WAYサスペンダー」(アルバートサーストン)[07]リムレス一山型の眼鏡(村田眼鏡舗)[08]眼鏡ケース「ラムナッパ」(ラインホルトキューン)※「」内は商品名、()内はブランド名。

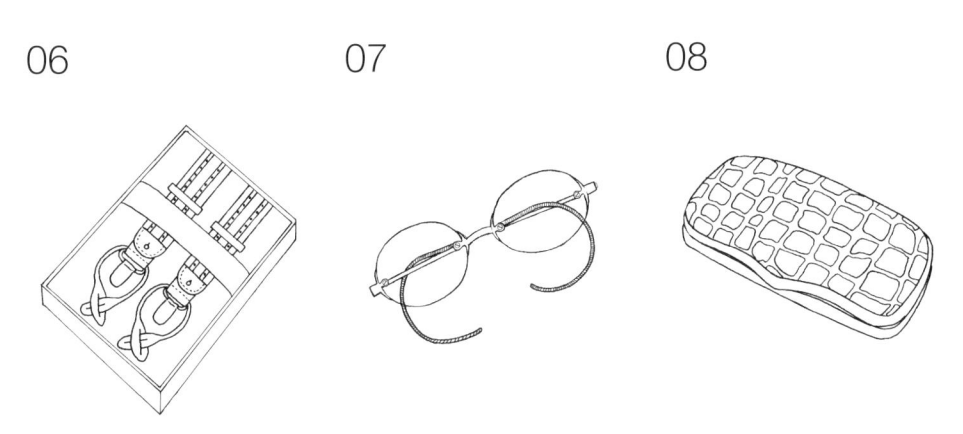

06　　　　　　　　　　　　07　　　　　　　　　　　　08

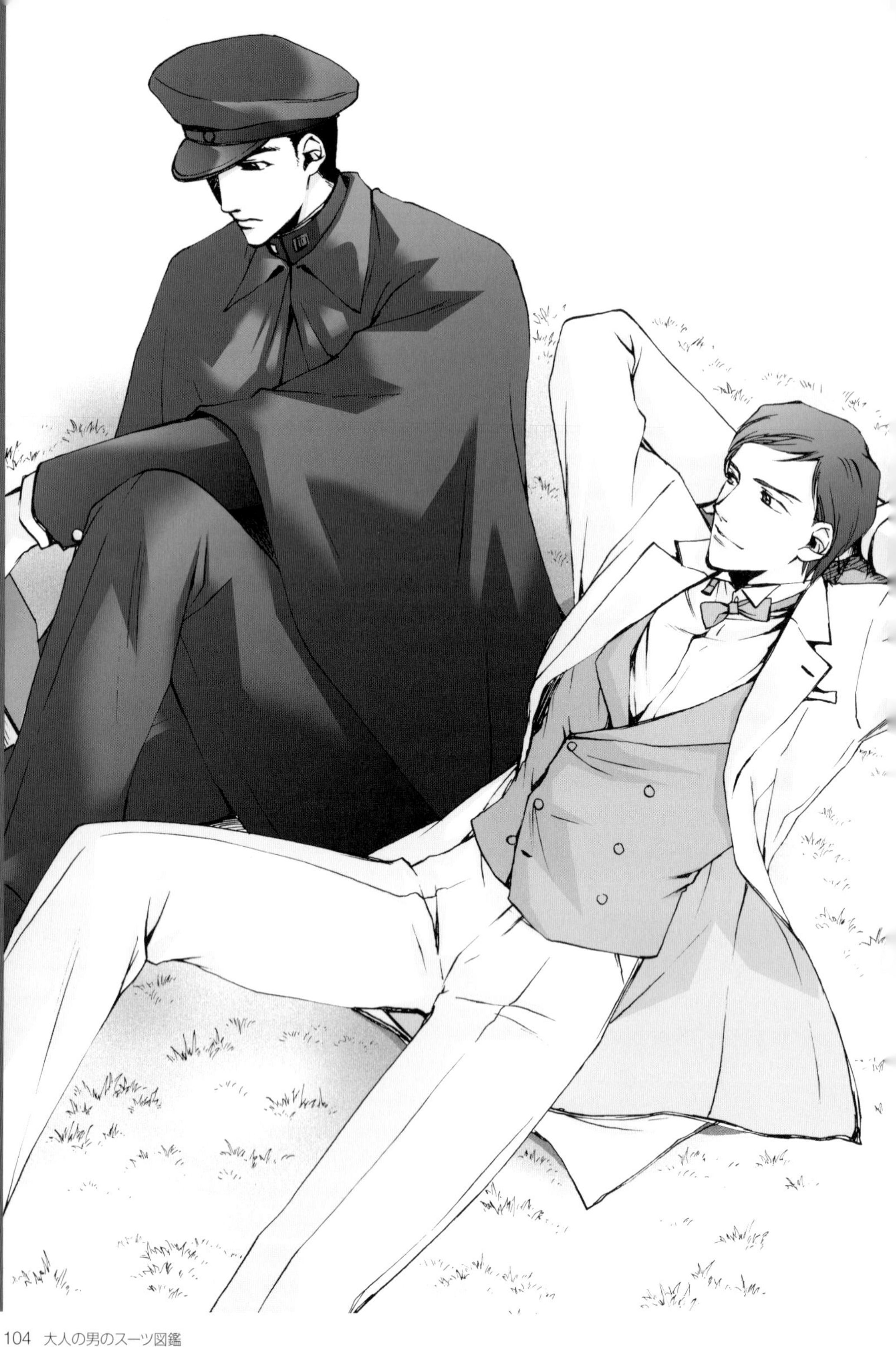

Maniac
第4章【マニアック】

スペシャル座談会
「ノーネクタイに異義あり!」……… P.106

スペシャルコラム……………………… P.112

イラストコラム………………………… P.116

特別アンケート企画
「みんなのスーツ♥意識調査」…… P.120

魂をくすぐる作品紹介……………… P.126

お役立ち☆スーツ図解……………… P.130

用語集…………………………………… P.134

SPECIAL DISCUSSION

「ノーネクタイに異議あり！」スペシャル座談会

2006年6月9日――。
殿方のスーツに対する怜悧な眼差しと熱い夢を心に秘めた、5人の乙女が新宿某所に集合。それぞれ譲ることのできないこだわりをもちつつも、スーツを愛する者同士、なごやかに、ときに激しく、存分に語り合っていただきました！

[スーツウォッチング]

――電車の中は、多くの男性のスーツ姿を好きなだけ観察できる絶好のポイントですが、みなさんはいつも、どこに重点を置いて観察していますか？

水沢 私は靴が好きなんですよ。スーツと靴とのコーディネートとか、足元ばっかりジロジロ見てしまいます。

二越 うーん……やっぱり手首ですかねぇ。吊り革につかまっているときに見える手首の内側とか、外側のでっぱった骨の部分とか。もちろん時計とのマッチング、下からチラっと見えるシャツなんかにも「あらステキ！」みたいな。

内村 私はネクタイとスーツがちゃんと合っているかどうかを見ます。目線を合わせると気づかれてしまうので、胸から下を、舐めるように見ています（笑）。

田中 そのあと、脳内で勝手にコーディネートしますよね!?　「そのネクタイは、青のほうが！」とか。

山本 そうそう！　合ってなければそこで「はい、ブー！　次」と。

――コーディネート以外にはどんなところをチェックしてます？

田中 私はスーツでのアクションが好きなんですけど、たとえばスーツの男性が吊り革につかまっていると、袖に寄るシワを見ちゃう。スーツって腕の付け根がかなり制限されているじゃないですか。だから、動くと上腕部のあたりにシワが寄るんです。

内村 あー、わかる～っ！

二越 私も大好きです！　安いスーツと高いスーツで、袖に寄るシワが変わるんですよね！　高いスーツだとカキッとショルダーラインが出て、その結果として、このアームホールの下あたりにシワが寄るんですけど、安いスーツだとヨレっとしちゃう。

――と、言いますと？

二越 テーラードのちゃんとしたスーツはこのアームホールのあたりが厚いんですよね。それこそパッドと一緒で、ここが硬いと肩とかアームホールあたりの盛り上がりが大きく出るんですけど、安いスーツは普通のシャツみたいにシワが寄るの。

田中 電車に乗ってきたスーツ男性を目で追っていて、座席の横の棒じゃなくて吊り革につかまってくれると「よっしゃ！　つかまった！」って、心の中でガッツポーズしちゃいますよ！

[シングルとダブル]

――スーツを着る人の体格も、重要ですよね。

内村 腰が細い男性はスーツ姿がかっこいいですよ。

水沢 かといって、ただの細すぎる人だと服の中で体が泳いじゃったりしますよね……。

二越 むしろマフィアのドンみたいに、太っているのを貫禄にしてしまうっていうのもアリでは？

参加者

◆**内村かなめ**〈漫画家〉
実家は紳士服製造業で、生まれながらのスーツウォッチャー。

◆**田中見165**〈漫画家〉
「男はダブル！」。アクションスーツ＆悪役スーツを熱愛！

◆**二越としみ**〈漫画家〉
ハリウッド映画・香港映画をこよなく愛する制服マニア。

◆**水沢充**〈漫画家〉
スーツの好みはクラシック。リボンタイにも真摯な目を！

◆**山本佳保里**〈編集・ライター〉
ロマンス小説のエグゼクティブスーツ男が大好物。

THERE IS AN OBJECTION IN NO-NECKTIE!

田中 おお、OK！ ダブルスーツ好きとしては、ある程度腹が出てないとね〜。
山本 ダブルを着る人は、体格がよくないと！
──なかなか着こなすのが難しそうですね。
二越 貫禄がないと「ケッ！ 青二才がなに着てんだよ」みたいになっちゃう。
田中 似合ってない若造が着ていると「パパのおさがりでしゅかぁ？」みたいな感じですよね（笑）。
山本 オーダーメードでちゃんと自分に合ったサイズを作れば、ダブルでもしっかり着られると思うけど、既製品だと微妙かも……。
二越 細い人にはやっぱりオーダーメードで、ウエストシェイプしたやつを着てほしいですね。「腰、細っ！」みたいな感じの。
内村 そう、それがいいのっ！
二越 細い人はウエストを絞らないとダブダブってなっちゃうんだけど、ちゃんと絞れば細い腰を強調できていいと思う。
内村 スーツの広告でも、ジャケットを着た普通のグラビア写真では中が見えないから、ちょっとだけでもボディラインを見せてほしいなあ。
田中 ジローラモを見て思ったんですが、めちゃめちゃスーツ似合う人はやっぱりボディが違う！ 腹が割れてるんですよ。
二越 スーツって、ある意味、ボディコンですよね。
山本 横から見たときも、それなりに厚みがないと決まらないと思う。たとえばジャニーズの細い子たちが着ると、貧相に見えちゃいますから。体格からして、欧米人のための服なんだなあ、と。
水沢 日本人だと、どうしてもお尻が出っ張っちゃうんですよね。着物なら、腰に引っかけて粋な着方ができるんですけど（笑）。
──世の中には、ビジネス用じゃなくてオシャレ系というか……お水系みたいなデザインの派手なスーツがありますが、ああいうのはどうですか？
二越 興味ないですね（即答）。
田中 実写じゃないのですが、『ナイトメアー・ビフォア・クリスマス』っていう映画でジャックが着ているスーツ。いわゆるトンデモスーツだと思うんですけど、好きですね。だからけっこう、まんがみたいに常人離れしたスタイルだと似合っちゃう場合もあるかな。ただ、人間が実際に着るとキツイでしょうね。

［思い出のスーツ体験］
──実体験で、心に残っている素敵なスーツを教えてください。
内村 私の実家の角を曲がってすぐのところに、工業大学があるんですよ。いつもバカなガキがワヤワヤいるんですけど（笑）、卒業式になると、けっこうみんなキメるじゃないですか。「バカ」が「普通」に見えるの。正門からみんなが出てくるから、角に立っていたら、「スーツの流し食い♥」って。
田中 おかわりOK（笑）。しかも卒業式は、スーツだけじゃなくて袴もいますからね。もう、おかずがいっぱいですね！
内村 ええ、美味しかったです（笑）。毎年のお楽しみ。

ショルダーライン（下図①）
しっかりした縫製だと、肩のラインが崩れずに盛り上がる。

アームホールの下（下図②）
袖の上腕部にしっかりと厚みがあるので、その部分の下にシワが寄る。

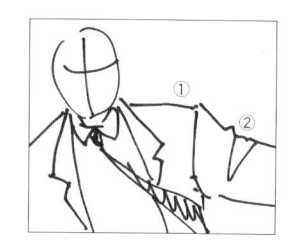

アームホールのあたりが厚い
「アームホールには、ほかの部分より何枚か多く綿を入れてるんですよ。その綿が、冬用は厚く、夏用は薄くなるんです」（内村・談）

ウエストシェイプ
腰を絞ったデザインは、クラシコイタリアの流れを汲むスーツに特徴的。（p.12参照）

ジローラモ
パンツェッタ・ジローラモ。男性ファッション誌「LEON」のモデルも務めるイタリア伊達男タレント。

『ナイトメアー・ビフォア・クリスマス』
1994年に公開されたストップ・モーションアニメーション。ストーリー、キャラクター原案、製作をティム・バートンが担当。

SPECIAL DISCUSSION

シャツの下にアスコットタイを組み合わせて、かっこよく着てました。

山本　私は、イギリスに行ったときに電車の中にタキシードを着た人がいて新鮮でした。向こうでは普通にパーティーとかやってるんですよね……。
田中　スーツ文化発祥の地ですもんね。私はニューヨークでメトロに乗っていたとき、仕事をバリバリしてそうなスーツ男性が乗ってきたんです。その人、乗ったとたんにコーラをプシッと空けて、ガッと飲むんですね。お国柄のせいか、「スーツ」と「コーラ」とが、カチカチっとハマってたなあと。

[萌え促進アイテム]
——スーツに組み合わせる小道具で、お好みはありますか？
水沢　学生時代の話なんですが、ゼミの教官が50歳くらいのすごくダンディな方だったんですよ。スーツ着用はもちろんですが、普段からシャツの下にアスコットタイを組み合わせて、すっごくかっこよく着てました。
一同　すごーい!!
水沢　しかも、タバコじゃなくてパイプなんですよ。学校の外にファンクラブがありました♥
——基本的なアイテムで、時計なんかだといかがでしょう？
内村　スーツならGショック以外。メガネをかけている人は、時計のベルトはメタル系で。
二越　年齢にもよりますよね。金具が似合う年齢と、皮ベルトをしっとり締めてほしい年齢が。
田中　「お前はまだ若造だろうが！」みたいなね。
内村　私は基本的には革ベルトが好きですね。

二越　エリートくさい、攻めくさい人だったら、メタルもいいな。カチって外してカシャっと机に置いてほしい(笑)。
内村　あと、タイピンも欲しいですっ。
二越　タイピンは、つけてない人が多いですけど、いったいどういうことでしょうかね!?
田中　タイピンがないと、なにかと不便ですよね。だいたい食べるときとか気になるじゃないですか。
山本　たまにネクタイをこう、肩にかけてラーメンすすってる人もいますけど、あれはあれでいいかな。気を抜いた瞬間って感じで。
二越　あ、可愛い！ものすごいかっこいいエリート風の人が下町のラーメン屋みたいなところに入って、ネクタイをしゅるんと抜いちゃって勢いよく食べてる……とか、いいですよね!?
一同　ああ～～～!!（うっとり）
田中　ロングコートとか、くたびれたトレンチコートなんかもいいですよね。
二越　スーツって仕事のための服装でもあるから、携帯電話とかノーパソとかのビジネスツールだったらなんでも似合いそう。特殊なアイテムだと、SPがつけてるイヤホンマイクとか超萌えですよ！
内村　銃とか手錠とかもいいですよね～。拳銃だったら、ジャケットの内側にホルスターが欲しいです。

[NGアイテム]
——さきほどネクタイピンの話が出ましたが、ピンといえば、クールビズファッションの一環として、「ピ

THERE IS AN OBJECTION IN NO-NECKTIE!

ンホールカラーのカラーピンを、わざと片方はずしてアクセサリ代わりにしてみよう」みたいな記事を読んだことがあるのですが……。
内村 それは勘違い!!
田中 ふざけんなよ!
山本 だったらワイシャツ着るな!!
（ひとしきり罵声雑言が続く）
──えーと（汗）。じゃあ、どうにも許せない組み合わせってのはありますか?
田中 透ける靴下とかはいやだなあ、と。
一同 ああ!（納得）
田中 なんか、無駄にセクシーですよね。若者は履かないのに、オヤジに限って履くんですよ。
水沢 微妙にすね毛が……。
内村 あと、キャラものネクタイがちょっと苦手。ドラえ●んとか、ミッ●ーマウスとか。
二越 うーん。若い新入社員で、「がんばって営業してまーす!」みたいなキャラによってはアリ? 一見普通のネクタイに見えるけど、よーく見ると耳があって、どこぞのネズミ、みたいな。スーツって普遍性が大きすぎるので、許せる・許せないが、着る人のキャラクターに負う部分がものすごく大きい気がします。

[グッとくるシチュエーション]

──シチュエーション的にグッとくるツボがあれば、教えてください。
水沢 やっぱり女の子と並んでほしいなぁ〜。あと、ちっちゃい子とか。10歳くらいの子供と、スーツの大人。
一同 ああ!（またまた納得）

山本 最近創刊された「オーシャンズ」という男性誌があるんですが、表紙が毎回、オッサンと少女なんですよ。今のところ（笑）。
二越 それは美味しいですね。
田中 その雑誌、メチャメチャわかってますよ!
山本 「親子なのかな? それともどういう関係なのかしら?」って想像がどんどん広がりますよね。
内村 映画の『レオン』も、もしレオンがスーツ姿だったら、さらに萌えません?
田中 うんうん。たしかに、倍にはなりますね。
──水沢さんはご自身の作品で、かわいい女の子とカチッとした男の人をよく描かれてますよね。
水沢 10歳以上の年齢差があったほうが萌えます。もちろん、男性が年上。崩れたスーツ姿の男性と膝上スカートの女子校生みたいな援交っぽい組み合わせじゃなくて、たとえば女の子ならきちんと三つ編みしてるとか、ですね。
二越 うわぁ。「ちょっとヤバイ感」が萌える。ほのかに背徳感を想像させつつの清楚さ、というのがイイですね。
水沢 うん。そこに何かあってもいいし、何もなくてもいい。私はたぶん、『ブラック・ジャック』で刷り込まれたんで、ああいうものを求めてるのかなって思うんです。
──ブラック・ジャックはブラックスーツにリボンタイの組み合わせですよね?
水沢 これは萌えますよ! じつは日本人にはリボンタイは似合わないと思っていたんですが、実写版に出演していた本木雅弘さんは

アスコットタイ
日本ではすべて「アスコットタイ」と呼んでいるが、ここでは正装用のアスコットタイではなく、「アスコットスカーフ（パフタイ）」と呼ばれるカジュアル用を指す。

タイピン
別名「タイバー」。（p.60参照）

ピンホールカラーのカラーピン
左右の襟先に空けられた穴に通して、襟がバタつかないように押さえるためのピン。（p.33参照）

「オーシャンズ」
2006年2月に創刊された男性誌。インターナショナル・ラグジュアリー・メディア刊行。

『レオン』
1995年に公開されたバイオレンスアクション映画。監督はリュック・ベッソン。殺し屋レオンと、12歳の少女の絆と戦いを描く。

『ブラック・ジャック』
無免許の凄腕医師、ブラック・ジャックの活躍を描いた手塚治虫の名作医療漫画。自らが命を助けた助手の少女ピノコとともに暮らしている。

SPECIAL DISCUSSION

サスペンダーチラリの状態から銃を出すのがもう、たまらんのです!!

アリでした。
内村 私はキッチリと着込んだスーツが乱れてゆくのが大好きなので、台風や災害時にはNHKのニュースを追い続けます。たいていは新人のアナウンサーが担当するんですけど、夜中から朝までずっと同じ人がやってて、徐々に服が乱れ、顔が憔悴していく様が楽しいんですよ(笑)。
二越 あ! 緊急ニュースもいいですね。時報が「ピッピッピッポーン」って鳴った直後に、アナウンサーが紙に目を通しながらネクタイを直している姿を見てしまったことがありました。
一同 いいな〜!
山本 ニュースキャスターのようなおカタい職業の人に隙があると、萌えますね。

[スーツでアクション]

——ところで、スーツが崩れてゆくパターンは、アクション映画や刑事ドラマに多いと思うんですが、それにも萌えます?
二越 アクション映画といえば、『レザボア・ドッグス』はいいですよ! 全員黒スーツで全員細タイ、サングラス着用です。最初キメてるのが、グラサンは外れるわ、ネクタイは外れるわ。服は血まみれで……。
内村 それって全裸にはならないの?(笑)
二越 ならないストイックさがいいんですよ!
田中 チラリズムなんですよ!!
二越 それで抱き合ったりしてますからね。オッサンたちまで(笑)。
内村 美味し〜い!
山本 オッサンでもいい!!
二越 あと、アメリカ禁酒時代とかの映画もいいんですよ! ダブルのスーツで、「脱いだらサスペンダー」みたいな! それでほら、刑事とかがズボンの後ろに銃を突っ込んで隠していて、ぱあっと脱ぐときにいろいろと見えるんですよ。前を開けてるからジャケットはもちろん翻るし、ベストは上にあがって、サスペンダーチラリの状態から銃を出すのがもう、たまらんのです!!
内村 銃が後ろにさしてあるんだったら、裾からチラリと見えるお尻がいいお尻だといいな〜。
二越 もちろん、きゅっと引き締まったいいお尻ですよ〜! でも……オッサンのどっしりとした丸いお尻もいいですよね。
田中 ドン・コルレオーネみたいな! そういう体型の人って、サスペンダーが似合うんですよねー。

[クールビズ]

——なるほど。ビシッと決まったスーツが乱れたり、スーツが翻って中身が見えるようなチラリズムがいいんですね。
田中 そう! スーツはまず「きちんと感」があっての「崩れ」、なんです。
——でも、最近はクールビズ推進で、ラフなスーツスタイルも社会的に受け入れられつつありますよね。ノーネクタイとか開襟シャツ、半袖シャツについては、みなさん、いかがでしょうか?
田中 半袖は絶対にダメです!
二越 だったらいっそ、夏はアロハにしちゃったほうが潔いですよ。

THERE IS AN OBJECTION IN NO-NECKTIE!

——では、究極の選択ですが、「ネクタイを死守して半袖にする」か、「ネクタイをはずしてもいいから長袖にする」。どちらを選びます？

田中 私はネクタイ外してもいいから長袖です。

二越 私も。

水沢 ノージャケットならノーネクタイもアリですけど、ジャケットを着るなら必ずネクタイはしてほしいかな。

田中 それにしても、本っ当に究極ですね。

二越 半袖は許しがたいものがありますよ。

内村 半袖シャツを着てたら、後ろからそっとジャケットを着せたい……。

水沢 たとえば、ジャケットを脱いでベストだけというスタイルをクールビズと認めてもいいんじゃないでしょうか。ジャケットがないぶんだけ、涼しそうだし。

山本 変なワイシャツを中途半端にスーツに合わせないでほしいですよ！ たとえばデザイナーさんとかがオシャレなスーツを着て、ワイシャツもちゃんとこじゃれたやつを選んで……というのなら半袖でもいいけど、一般の会社で想像すると、白いワイシャツの半袖なんて萎えますよね。

——では、ジャケットを脱いだときに、シャツの下から下着の線が浮いてしまっているというのはアリでしょうか？

田中 シチュエーションによりますよね～。

山本 なにも着てないと、ちょっとビーチクが（笑）。

二越 Tシャツとかよりは、潔く背中のガッと開いたランニングとかだったら、ちょっと見えてもエロい感じがしていいかも。あと、「アクションしたあとに、スーツを脱いだら汗でランニングの線が見える」とかは、むしろグー！

山本 でも、スーツを着る人でアクションをするのって、すごく限られますよね。

田中 たまーに、朝の駅とかで「全力で電車に乗り込んで、汗で透けちゃってセクシー？」みたいなのってありますけどね。でも結局それもキャラによっちゃうし。それがセクシーに見える人と、ウザき見える人と。

内村 「ああ、君に会えてよかった！」って思える人は、なかなかいないかも。

山本 特に、汗ってのは（笑）。汗をかいていいキャラと、近づきたくないのとがいますよね。

水沢 いますね～。難しい……。

——ビジネス用としてはまだまだ**中途半端なクールビズファッション**。できれば、暑くても「**長袖シャツ＋ネクタイ**」で通し、汗をかくときは、下着にも気を配ってエロく、美しく！ ということですね。

少々強引ではありますが、座談会はこれにてお開きとさせていただきます。本日はありがとうございました！

『レザボア・ドッグス』
1991年に製作された、バイオレンス・アクション映画。監督はクエンティン・タランティーノ。宝石強盗に失敗して破滅していく犯罪グループの姿を描く。

ドン・コルレオーネ
原作小説・および同名映画『ゴッドファーザー』で描かれているマフィアのファミリー、コルレオーネ家のトップの尊称。

special column

日本男児よ、マフィアに学べ！

　実は私は、男性の好みに関しては国粋主義者であり、日本人男性が世界で一番美しいと信じている。黒髪に黒い目、なめらかな肌、華奢な骨格……ああ、日本男児万歳！

　だが、そんな私も十代前半の頃に一度だけ、「白人男性に生まれ変わりたい」と強く願ったことがある。映画『スティング』のロバート・レッドフォードを見たときだ。

　1930年代のシカゴを舞台に、詐欺師が親友の仇を討つために大物ギャングを陥れようと頭脳戦を繰り広げる痛快なストーリーで、主役のジョニーを演じるレッドフォードは確かにかっこいい……が、実のところ、私は彼本人よりも彼のファッションに惹かれたのだ。つまり、私の願望を正確に表わせば、「レッドフォードに生まれ変わって、こんな服を着たい」となる。

　映画の冒頭で大金を手にした詐欺師ジョニーが、まず買ったのが、茶色の地にストライプが入ったスーツ。そして、それに同色の鳥打ち帽を合わせ、薔薇の花束とワインの瓶を手にした粋な姿で、颯爽と憧れのダンサーの許に向かうのだ。ジョニーの相棒役を演じるポール・ニューマンも素敵だ。黒いスーツに黒い帽子で、こちらは滅法クールに決めている。

　すなわち私は、帽子やサスペンダー、ボウタイ、ポケットチーフ等、レトロな香りのする小物をスーツに合わせた男性が大好きなのだ。が、現代日本のお父さんお兄さん方は、なかなかそのようなコーディネイトに挑戦してくれない。好みのスーツ男を探すとなると、私は20世紀前半のアメリカ（特に禁酒法時代がよい）が舞台の映画を漁り、マフィアや詐欺師等のアウトローを演じる俳優をチェックするしかない。『スティング』だけではなく『ゴッドファーザー』『ワンス・アポン・ア・タイム・イン・アメリカ』『アンタッチャブル』等の作品も、私の好物の「スーツ＆小物」姿の男たちであふれ返っており、それを鑑賞する私の頭も脳内麻薬に満たされるのだ。

　一方、失礼ながら私は、現代日本のサラリーマンのスーツにはあまりよい印象を持ってない。個性に欠けるという点では、サラリーマンのスーツは制服とも共通しているものの、制服のような禁欲的な雰囲気とは無縁である。これは、スーツは制服とは違い、所属組織から押しつけられたわけではなく、自分で選ぶものだからだろう。

　そして、サラリーマンはスーツを買う際には「目立たないように」「無難に見えるように」という意識を働かせ、自ら個性に欠けたスーツを選び取っている

[Profile]
1991年に少女小説『お嬢さまとお呼び!』でデビュー。現在は、性愛をテーマに、現代物、SF、ホラー等を発表。「エロス」と「笑い」を重要な創作上のテーマとする。2000年には『西城秀樹のおかげです』が第21回日本SF大賞にノミネート、2004年には『からくりアンモラル』が第25回日本SF大賞にノミネートされた。

森 奈津子（もり なつこ）

のだ。私には、その図式がなんとも虚しく感じられてしまうのである。

　お洒落のためではなく、仕事で仕方なく着ている。そんな灰色のスーツ姿で、女子社員にセクハラし、居酒屋で上司の悪口を言い、酔っぱらって駅や車内で醜態をさらして赤の他人にまで迷惑をかける、困った日本のサラリーマンたち……。

　喝！　世界一美しい日本男児が、そんなことでいいのですかっ？　一度、銀座あたりを写した戦前の写真をよく見てください。洋装の男性はみんなおそろしく素敵です。ビシッとお洒落に決めています。あの頃、スーツは「仕事のために仕方なく着る」のではなく、自分をかっこよく見せるための服でした。藤山一郎が歌った「青い背広で」を聴いてください。青い背広を着たら、心も軽く、街へあの娘と行っちゃうんですよ！

　私がクール・ビズ、ウォーム・ビズをスーツよりも好もしく感じるのは、個性を表現できるからだ。センスがいい人は、よりかっこよく、そして、そうでない方は、より、そうでない方向に……しかし、それでいいのだ。ファッションに関しては、格差大歓迎。お洒落は弱肉強食、平等なんていらない！

　デパートや紳士服量販店も、もっと工夫しなさい。サラリーマンに個性を競わせると売り上げが伸びるのは、もう、クール＆ウォーム・ビズ商戦で知ったでしょう。灰色や紺色の無難なスーツばかり売ってないで、ちょっとだけ「普通」を逸脱した素敵なスーツのキャンペーンを展開しなさい。そして、小物もジャンジャン売りなさい。特に、私が好きな帽子とボウタイを。

　近い将来、日本中に粋なサラリーマンがあふれ返ることを期待しながら、私は今この一瞬を生きているのですぞ！

special column
英国紳士の足元

　「背広」の語源がロンドンの「サヴィルロウ街」にあると誰もが知っているように、やはりスーツと言えばイギリスであろう。
　そしていかに素晴らしいスーツを着ていようが、それに相応しい靴を履かねば、「画竜点睛を欠く」というものである。「足元を見られる」は日本語の言い回しだが（この場合、足元とは歩き方のことではあるが）、洋装においてもまさにその通り。トラウザーズの裾から覗くトウの形状、カラーがそのスーツに合っていなければ、すべてが台無しになってしまう！とは大げさだが、靴もまたスーツフェチにはスルーできないアイテムだ。
　そもそも洋装に靴は絶対必要であり、童話でも靴が出てくる話は多い。「シンデレラ」はもちろんのこと、「コビトの靴屋」「赤い靴」、トルストイの小説でも堕ちた天使を救ったのは靴屋だった……。
　とまれ、正統派英国スーツには当然のことながら英国製の靴が相応しい。英国の二大靴メーカーと言えば、「エドワード・グリーン」「ジョン・ロブ」である。オーダーメードのことを「ビスポーク」と言うが、このメーカーはビスポークの最高峰と銘される。
　さて、靴にとってスタイルが重要なことは言うまでもないが、材質もまた靴の価値を左右する。もちろんこの場合、材質と言えば「革」だ。
　生皮（ロウハイド）をなめして初めて「革（レザー）」になる。一足の靴はほぼ40から50ものパーツで出来ているが、大きく分けるといわゆる靴本体の「アッパー」、下部の「ソウル（靴底）」に分けられる。「アッパー」の材料としてもっともポピュラーなのが「カーフスキン」つまり仔牛の皮。世界最高のカーフレザーを生産しているのはフランスの「デピュイ」という店だ。ここはエルメスにもっとも上質な革を卸している。そしてパリのジョン・ロブはエルメスの傘下にあり、すなわちデピュイの最上質の革がジョン・ロブの靴に使われているというわけである。
　実を言うと、革靴は雨には弱い。上質な革ならなおのこと。もちろん英国紳士の靴に「ゴム底（ラバーソウル）」はありえない。さらに「底革が減るのでなるべく外を歩かないでください」とも言われるとか。
　「ええっ、雨の日は履いてはいけない、さらに外を歩いてはいけない靴って？」
　当然疑問が沸く。そんな靴を雨の多い、しかも石畳の道がほとんどの英国の人が履くのだろうか？
　答えはもちろんイエス。
　なんとなれば、ビスポークの最上の靴を履く階級はそのどちらの条件も十分満たすことが可能なのだ。
　貴族階級に属する彼らはロンドンのフラットにおいて、室内では室内履きを履く。
　外出の際は執事が磨き上げたその上質の靴に履き替え、寝室を出て階段を下り、玄関先に停まって

[Profile]
ボーイズラブノベルのジャンルで活躍中の作家。医療現場を舞台とした作品を多く手がけ、代表作に「月夜にはじまるその恋は」シリーズ、「恋愛処方箋」シリーズなどがある。紳士のたしなみや装いについても並々ならぬこだわりがあり、目下、日本の戦後史にハマっている。

檜原 まり子
（ひはら まりこ）

いる自動車（たぶん、リムジンかロールスロイス）のリヤ・シートに乗り込む（私のこだわりでは、ロールスロイスはリヤ・シートに乗る車だ。紳士は決してこの車を運転してはいけない。紳士が運転席に乗って運転していい車の最高峰はジャガーである）。そしてホテルの玄関に寄せられた車から降り、入り口から赤絨毯を踏んで待ち受ける人々の元へと歩み寄る。

靴を履いて歩く距離はわずかで靴底も減らず、これなら決して雨にも濡れないのである。

カントリーハウスでは乗馬靴だろうし。

ところで我が国では「英国紳士道」を極めた人物として必ず白洲次郎の名が上がる。

白洲次郎氏は芦屋の豪商の息子として生まれ、17歳で英国留学。帰国後、英字新聞の記者となり、樺山伯爵令嬢正子と結婚する。第二次大戦で日本が連合国に敗北すると、その英語力と教養を買われ、吉田茂の片腕に抜擢される。しかし政治家としてではなく、あくまでも在野にて故国の復興に尽力した。そして敗戦処理に当たったマッカーサーを司令官に戴くGHQ（連合軍司令部）を明晰な頭脳と毅然とした態度で驚嘆させたと言われる。日本国憲法の制定の際にも彼の力がなければどうなっていたことであろうか。GHQに臆さずものを言うだけでなく、責任回避と保身にのみ汲々とする外務官僚を一喝した、などの逸話には事欠かない。57歳で東北電力会長の座を退いたのちは、政財界の表舞台から身を引き、一カントリー・ジェントルマンとしての生活に戻ったという。白洲次郎ほどの人間であれば人脈を駆使して政治家になることなどもできたに違いない。しかし「noblesse oblige（※）」が彼の生き方の原理（プリンシプル）であった。今の政治家に白洲氏の爪のあかでも飲ませたいと思うのは私だけではないだろう。

白洲氏は留学先のケンブリッジ大学で、「ジェントルマン」としての「紳士道」を学び、そのスタイルを生涯貫いた。スーツはもちろんロンドンはサヴィル・ロウ街の名店「ヘンリー・プール」、シャツは帝国ホテルの地下アーケードに店を構える「谷シャツ協会」、傘は英国王室御用達の「スウェイン・アドニー・ブリッグ」、ウィスキーはシングルモルトのスコッチを樽買い。そして乗り回す車はベントレーにブガッティとまさにダンディズムの見本だ。それでは靴は、と調べてみたのだが、残念ながら調べがつかなかった。だが白洲氏のこと、当然「エドワード・グリーン」もしくは「ジョン・ロブ」のビスポークだったに違いない。

（※）noblesse oblige（ノーブレス・オブリージュ）：高い身分や立場に伴う義務。名誉を重んじること、慈善を行うことなど。

illustrated by **九州男児**

違うところを探してみてね！

良いスーツ（個人的見解）

悪いスーツ

かっこいいスーツの絵を描いていると、同時にかっこ悪いスーツの重要性を感じます。ものすごく基本的なことですが、漫画やイラストを描く方に向けて、ちょっとそんな話を……。

■かっこ悪いスーツ■

スーツを着る時の決まりやセオリーを知るということは、同時にその反対の「かっこ悪い着こなし」を知ることになります。漫画などにおいて、全部のキャラクターがスーツをばっちり着こなしている、というのは（そういう設定でない限り）逆に不自然かもしれません。スーツにこだわりがあって、全てオーダーメイドな人、着られれば何でもいい人、その人独特のこだわり（例えばヨレヨレのシャツに細いネクタイ……など）がトレードマークになっている人、新社会人で着慣れていない人、お金持ちなのでブランド品を着ている人、貧乏なのでボロいスーツを着ている人…など、スーツだけでも色々なキャラ付けができますよね。何が良しとされ、悪いとされるかを知っていれば、キャラクター演出に幅と的確さが生まれます（スーツに詳しくない人が見てわかるレベルでね）。また、きちんと着こなしている人とそうでない人が並んでいたら、その違いが対比されて引き立つので、キャラクターの性格などをより効果的に表現することができます。キャラクター表現において、かっこ悪いスーツも、かっこいいスーツと同等に重要な小道具です（もちろん、スーツ以外のものにも同じことが言えます）。かっこいいスーツとかっこ悪いスーツを描きわけて、効果的にキャラクターを演出できたら理想的だと思います！

スーツへのこだわりと言えば、小中学校の先生に幾人かこだわりを持っている方がいたのを覚えています。ジェームズ・ボンドの風になびくネクタイがかっこいいので、ネクタイピンをしない主義とか、石原裕次郎的にズボンの両ポケットに手を入れるとか……。正当な着こなしではなくても、こだわりがあるのはちょっといいなと思いました。こういう事から、スーツを着る局面の多い男性にとってスーツはビジネスの道具と同時に、アイデンティティの意味合いも強いんだなと感じます。という事はやはり、キャラクター表現に深く関わっていておかしくないですね。

次元大介、『あぶない刑事』のタカ＆ユウジ等を経て(?)、現在の私のベスト1スーツキャラは『真!!ゲッターロボ』の神隼人です。襟付きのベストにロングコート、ホルスターベルトがとてもツボです。作品の後半で40代になっているところも（もちろんスーツ）！　ここではモノクロなのでわかりませんが、シャツやらベストやらの色合いは語り種になっています。（ピンクに水色…）。でも完璧無比に男前ですし、似合っているような気すらします。つまり……「中の人がかっこよければ全てがかっこいい」。早速さっき上に書いたことを否定しているような。でも真実です……。**結局は顔！**　な、生々しい結論でした。

illustrated by 五臓六腑

Chapter.4 Maniac

スーツは30代中ばから50代60代くらいまでが似合う頃だという気がします。3つぞろえは身長の如何ではなくがっちり体型の人に着て欲しい。

コートはチェスターフィールドコートが個人的には好きです。トレンチは着る人を選ぶなので気を選ぶ気が。

流行りのクールビズ・ウォームビズですが、クールビズはwithネクタイ希望！最近はポケットに入れてハンカチーフ風に使えるものもあったりするし。フォーマルの時（記者会見とか）はつけて欲しい。マナー的に。ニュースキャスターとかもお願いしたいところ。ラフにしない。対してウォームビズは毛糸のベストを着たりしてかわいいかも。

暑 暑

※夏のこういうダラけたカッコも好きです。

若い人や細い人のスーツの見ばえはダブルよりシングルの方がいいかと…。ジャケットがぶかぶかしてるとみっともない感があるので。

※スーツは元々軍服から派生したものという説があり、今日フラワーホールと呼ばれてる襟の穴は詰め襟の型で着ていた頃の名残りだそうです。

イタリア製や日本のセミオーダーメイドとかはやわらかくもスッキリしたイメージがあります。

立ち上がったり人に会ったりする前にさっと上着のボタンを留めるしぐさが好きです。

illustrated by 桜遼

illustrated by
霧野むや子

雨塗れ、メガネスーツ…。
…萌です…ドッボです。

事件は会ぎ室で起こってるんじゃない

かぶりつき。→

※ ビジネススーツならばきっちり派もラフ派も大好物でございます。どんとこーい！某大人気刑事ドラマは亜浮モノでした…ウフフ。
織●●二さん体躯の方のスーツ姿がたまらん位スキみたいデス。格好浪さ200o6个。
◀街でみかけて思わずストーカーしそうになったスーツ君。ラフな着こなしに書類のアイテムが光ってるネ☆
685

Chapter.4 Maniac 119

特別アンケート企画　みんなのスーツ♥意識調査
a guestionnaire survey

スーツを愛する心は人それぞれ。
風を切って颯爽と歩くビジネスマンのスーツ姿にクラクラしたり、
温厚な紳士のくつろいだスーツ姿にドキドキしたり、ときにはストイックに襟を正し、
ときには乱暴にネクタイを引き抜く──そんな鮮やかな変貌にムラムラしたり♥
「スーツ好きの同志たちは、いったいどんなふうに萌えているの？」
そんな素朴な疑問から始まったこのアンケート企画。
作家さんや漫画家さんたちをはじめとする総勢150名の方々にご協力いただき、
予想をはるかに上回る熱いご意見の数々を頂戴しました。
ぜひ、あなたのよりよいスーツライフにお役立てください！

回答者はこんな方たち

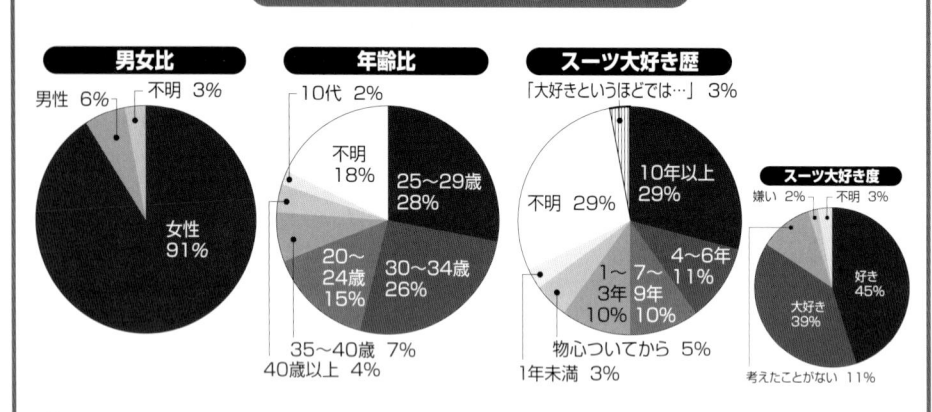

男女比
- 男性 6%
- 女性 91%
- 不明 3%

年齢比
- 10代 2%
- 25〜29歳 28%
- 30〜34歳 26%
- 20〜24歳 15%
- 35〜40歳 7%
- 40歳以上 4%
- 不明 18%

スーツ大好き歴
- 「大好きというほどでは…」 3%
- 10年以上 29%
- 4〜6年 11%
- 7〜9年 10%
- 1〜3年 10%
- 物心ついてから 5%
- 1年未満 3%
- 不明 29%

スーツ大好き度
- 嫌い 2%
- 不明 3%
- 好き 45%
- 大好き 39%
- 考えたことがない 11%

※有効回答総数150　※敬称略

◆ご協力いただいた漫画家・イラストレーター・作家・ライターの方々（敬称略・順不同）◆
碧門たかね／秋生サトコ／あきづき弥／晶／浅葱洋／亜砂都優子／東広海／雨宮来冬／鮎川順／いすみすい／樹要／石見翔子／うかにん／内村かなめ／梅谷千草／か／かおりん／カザマ★ユニ／かじやま悠／神風悠真／上條瞬／寒苦鳥／かんちょ／姫心重機／九州男児／霧野みや子／きりまそう／久遠ひとみ／来海真琴／黒崎ızınデ／香月りお／皇帝龍／※／桜／桜井綾／櫻井ヒナコ／沙月ゆう／紗王／ジイン／紫苑崇／島津美保／陣内／鈴羅木かりん／スダマフジカ／寿麿みる／空槻悠和／貴里みち／高杉いつみ／高渡あゆみ／橘皆無／田中見来／ちんじゃおろうす／つくねいもこ／東城和実／富糸まつ／toroshio／中畑彰／二越としみ／西沢サブロー／庭園／はなも大王／ハルキヨ／姫野かげまる／檜山弘／谷瀬弥生／洋武／風樹みずき／フクロウ／藤袴撫子／船戸明里／冬凪れく／紅鈴芽／北条KOZ／まきぞう／みささぎ楓李／水沢充／ミチル／むっちりむうにい／める〜／森奈津子／両角潤香／矢咲サナエ／ゆう／吉野きり／神人まりも／龍胡伯／リラ

◆ご協力いただいたサイト様（mixi）◆
「メガネ」「スーツ」「年上」萌／スーツに萌えｗ／色白痩せスーツ眼鏡／メガネ・ポロシャツ・黒髪／キング・オブ・ザ・スーツ★／漫画家と絵描きと編集者。／スーツ姿の男性にグッとくる会／制服・スーツを着た男に弱い

おさえておきたい
基礎データ

細かなこだわりは多々あれど、まずはおおまかな好みから確認。単純に「こっちが好き！」と言い切るには、みなさま、愛が深すぎて…。

スーツがいちばん似合う年代は？ ※複数回答あり

30代	58%
40代	29%
20代	28%
50代	18%
60代以上	12%
全年齢	3%
その他	1%
10代	0%
不明	5%

「脂が乗ってくるのと同時に、渋みも増してくるから。本音を言えば30代から上ならいくらでも……（ただのオヤジスキー？）」（美浦吉野／会社員）、「20代は『決められた』スタイルでカッチカチ、30代はほどよく色々なスーツを冒険しつつ、自分のスタイルを見つけているか、その手前か。40代以降は冒険も終わって落ち着きすぎてそう。よって30代！」（かおりん／ライター）、「30代。ほどよく若さが抜け渋みが出てくる年頃かと」（※／漫画家）、「仕事への葛藤やら苦労やら悩みやらが感じられ、少し悲哀の香りがするとよい印象です。なので、上司にも部下にも悩みそうな40代が、私のストライクゾーンです」（カヤ／会社員）、「全年齢。外国の子供は小さいときからスーツを着る機会がありますから、スーツにも慣れているし可愛いうえに似合ってます」（亜砂都優子／漫画家）。若さと熟成の間を行く30代に圧倒的な支持が集まりました！

好きなスーツの型は？ ※複数回答あり

シングル	71%
ダブル	16%
その他	9%
不明	5%

『シングル』派からは「シングルのほうが脱がせやすいイメージだし……」（森奈津子／作家）、「細身の人がすっきりと着こなす姿に魅力を感じるから」（志賀今日子／会社員）など。『ダブル』派からは「着こなしにセンスを要するところが好き」（梅谷千草／漫画家）、「ある程度体格がよくないと似合わないから余計に、着こなしている人が素敵……！」（かづき湯宏／学生）などの理由があがりました。『その他』では「似合っていればどちらでも」というご意見が多いなか、色や素材、ボタンの数にまで言及したこだわり意見も多数あり。「三つぞろい」「チェック柄ベスト」「タキシード」をあげる方も。

どんな着こなしが好み？

かっちり営業系	49%
カジュアルクリエイター系	26%
ゴージャス紳士系	22%
その他	19%
全部	3%
不明	3%

『かっちり』派は「正当なスーツのスタイルの中でちょっとお洒落心を出した着こなしが好き」（丸山咲良／会社員）など。たまに着崩れたときの落差がいいという意見多数。『カジュアル』派は「あまり着崩しているのは嫌ですが」（香月りお／漫画家）などのただし書きも目立ちました。『ゴージャス』派は「ゴージャスを着こなせる、似合う人は無条件にステキ」（カヤ／会社員）など。『その他』には細かい注文が集中。「くたびれ系または金持ち系。オヤジ限定ですが……」（みささぎ楓李／漫画家）「冠婚葬祭の礼服。普段着慣れてない人が照れくさそうにしてるから」（cyclo／会社員）などなど。

そのネクタイに心は乱れ…
クールビズ＆ウォームビズ

環境はもちろん大切だけど、乙女心はちょっぴり複雑。とくに、中途半端にカジュアルなクールビズに対しては、殺気のこもった視線が集中している模様です。

クールビズ・ウォームビズとは、過剰な冷暖房によるエネルギーの無駄づかいをおさえ、地球温暖化の一因である二酸化炭素の排出量を減らそうという試みのひとつ。「暑いときはネクタイを締めなくてもいいじゃないか」という意識は、いまや順調に受け入れられつつあるようです。

ウォームビズはベストやスカーフなどの重ね着になるので違和感がなく、むしろお洒落度が増すためおおむね好感触です。ところが問題なのはクールビズ。暑さを軽減するためにネクタイを取り去り、襟元のボタンを外し、ジャケットさえ脱ぎ、あまつさえシャツも半袖に……。確かに涼しそうですが、こういったラフな服装で「礼儀正しさ」や「誠実さ」をも演出するのは極めて困難。また、年齢にかかわらず「品位」や「タフさ」を求められる政治家のみなさんが、しわの目立つのど元をさらけ出して記者会見に応じている姿を見てしまった日にはもう、「あちゃ〜」と目を覆わずにはいられません！

こと「人に見られる」「人と交渉する」ようなお仕事の場合には、「自分にとってのクールビズ」をよくよく考えたほうがよろしいかと思います。

賛成派

「きっちりネクタイして……ってばかりがスーツではないと思うので、仕事のしやすい、動きやすい格好で適温で過ごすのはよいことだと思います！」
（か／漫画家）

「従来のスーツが根絶させられるような動きにでもならない限り、賛成寄りで」
（鈴羅木かりん／漫画家）

「個性が出てよいと思います。カッチリしたスーツも絶滅しないでほしいですね」
（富糸まつ／漫画家）

個性が出るのは見ていて楽しいかも♥とくにウォームビズはアイテムが豊富で見どころ満載！

「ネクタイは全然外してくださって構いません。どうぞどうぞ。『いつもスーツのあの人が結構いいセンスの私服』っていうのは嫌いじゃないですよ」
（中畑彰／漫画家）

「スーツ姿はジャケット有りのほうが好きですが、シャツから覗く鎖骨も好きなので、軽装は軽装でよいものだと考えます。クールであろうがウォームであろうが、各個人に似合うスタイルが見つかってゆけばいいなと」
（ジイン／イラストレーター）

「ぴしっとアイロンのかかったきれいなシャツだけで十分萌えられるので問題ありません」
（船戸明里／イラストレーター）

「クールビズは上着を着ていないぶん、背中・腰の薄さがわかっていいかも（もちろん薄ければ薄いほどよし）。シャツは長袖の方が◎。ちなみに袖のボタンは留めないでほしい」
（cyclo／会社員）

体の線があらわになるシャツ姿は、ストリップを鑑賞する気分で、舐めるような視線で！

「おじさんがやると、やってもやらなくても変わらずムサイけど、若い人がやると爽やかな気持ちになります。それだけでマイナス5度はイケますね（笑）」
（ミー。／学生）

「カジュアルなスタイルでは、ノーネクタイもあるのでいたって普通です。ネクタイなしでも格好はつくものです」
（瓜畑せいやん／会社員）

「かつての『省エネスーツ』に比べればなんと素晴らしいことか」
（陣内／ライター）

「いいことだとは思うのですが、半袖スーツとかは勘弁ですよ」
（寿麿みる／漫画家）

省エネへの果敢なチャレンジが生んだユニークなスーツは、図らずもクールビズの危険性をも露呈してしまった!?

反対派

「前を開けてもいい！下を脱いでもいい！でもできるだけ上を脱ぐな！ネクタイは絶対外さないでくださいお願いします!!（笑）」
（しょうこ／学生）

「ネクタイも背広の一部なんだから取らないでほしいです」
（みささぎ楓李／漫画家）
「クールビズはいただけません!!ネクタイがないなんて、ありえない!!」
（藤袴撫子／漫画家）
「ネクタイは外さないでほしい！ベストも！」
（toroshio／漫画家）

ネクタイをきっちり締めたときのあの拘束感こそ、スーツの禁欲的な色気をアップさせているのに……それくらいわかってよ〜！

「勘違いが多すぎなのでは、と思います。『ネクタイなし』＝『ラフスタイルでなんでもOK』じゃないので。会社がクールビズになったからって、普段遊びに行ってるちゃらちゃらした時計・アクセ全部がOKじゃないのに。ぶっちゃけ、そんな営業回ってきたら蹴り出します（怒）」
（桜／漫画家）
「ネクタイがないなんてスーツじゃないです！だっさいです！だってシャツの隙間から、アンダーシャツが見えてるんですよ！しかもお洒落シャツじゃなくて、下着！仕事する気もなくなります」（雪／会社員）
「かっこよく着こなすためには涼しさとか暖かさとかそんなものは二の次」
（風樹みずき／漫画家）

「『涼しけりゃいい』の精神でクールビズを考えられたら、こっちのやる気も萎えるっつうの!!」

「『暑いけど仕事だからちゃんと着なくては』という心がけにこそ萌えます」
（かづき湯宏／学生）
「環境のことを考えたりするとよいことですが、気持ち的にはいらない。萌えない。ありえないっ！（笑）」
（うかママ／主婦）
「寒くても暑くても、スーツを着るからにはスーツ魂も一緒に着込んでいただきたいものです」
（美煌／主婦）
「消費社会の陰謀」
（sink／その他）
「邪道」
（皇帝龍／イラストレーター）

学校の制服でいえばクールビズは校則違反。即、生活指導室行き！ 服装の乱れは精神の乱れ。暑さ寒さは気合いで乗り切れ！

（北条KOZ／漫画家）
「よい制度ではないかと思います。でもやっぱりキメる時はキメてほしい乙女心です」
（貴里みち／漫画家）
「ネクタイをしてくれなきゃ、ネクタイをゆるめる瞬間もないじゃないか……というわけでクールは遺憾です。ウォームはまあいいんじゃないでしょうか。背広のインにセーター着るとおっさんくさくなるか少年ぽくなるかどっちかですが」
（田中見来／漫画家）
「やらなかったらダメ人間！みたいな風潮になったら嫌ですね。真夏にガッチリとスーツを来て平静を装うサラリーマンは見ていてこっちも頑張らねばと思わせてくれるので、そういった人間が消えてゆくとしたらそれは寂しいことだと思います」
（西沢サブロー／漫画家）

「『快適さ』を追求するあまり『だらしなく』見えてしまっ

たら、この政策……失敗ですよ!!」
「考え的には賛成です。しかし暑さ寒さは耐えろ!!スーツなら!!」
（谷瀬弥生／漫画家）
「着崩すところを見る楽しみが減ったと取るべきか、常にカッチリと着ているところを見られると取るべきか……難しいところです」
（かじやま悠／漫画家）
「全国的に実行されるとそれはそれで少し寂しい気も」（空槻悠和／漫画家）
「お洒落に磨きをかける人と、そうでない人との差が広がる予感。こんなところでも格差社会？」
（志賀今日子／会社員）
「ウォームビズで下になにか着る分には構いませんが、半袖のワイシャツは勘弁していただきたい……」
（美浦吉野／会社員）

ラフなお洒落にも限界が乙女の夢を壊さないで！

その他

「夏は浴衣、とかなら大賛成」（九州男児／漫画家）
「政策としては悪くないかと思いますが、政治家の中にはだらしなく見える人も多いですよね……」

きっと、一生、忘れない!!
思い出のスーツさん

あの日出会ったあのスーツが、私の人生を大きく変えてしまったの——。乙女のハートを直撃した出会いの数々を、赤裸裸告白!!

「スーツを好きになってどれくらいですか?」という質問に半数以上の方々が「4年以上」と答えています。なかでも「物心ついてから」とか「思春期のころから」など年季の入ったスーツ好きさんが多く、その人生で見つめてきたスーツも半端な数ではありません。その中でも特に印象深かった衝撃のスーツ体験を熱く、そして克明に語っていただきましたよ!

見知らぬ彼に、目を奪われて……

「正座で営業していたきっちりスーツの営業マンが、立とうとしたら足がしびれて後ろにひっくり返ってた姿が非常にツボでした。あれがスーツではなく私服だったら萌えないと思います(笑)」
(むっちりむうにい/漫画家)

「事件の聞き込みに来た刑事さんのふたり連れが、ドラマのようなスーツ姿でかっこよかった。ひとりはトレンチコートの渋い中年の刑事さんで、もうひとりはいかにも新米って感じのパリッとしたスーツを着た若い刑事さんでした。妄想じゃなくて実話です」
(雨宮來冬/漫画家)

「社会人2、3年目くらいと見受けられる若い殿方が、地下鉄で居眠りをしていました。(中略)……脱いだジャケット、まくった袖、若干ゆるめたネクタイ、無造作だけどもギリギリ周囲の邪魔にならない程度に投げ出されたスラックスの脚、それらと総体としての骨張った前腕だからこそ、気になって仕方がなかった。いわば戦士の休息を垣間見たがゆえであったのかなと、今にして思います」
(ジイン/イラストレーター)

「以前電車でみた20代くらいのサラリーマンらしき団体が、みんなまどきの結構カッコイイ人たちなのに、靴は汚いし、色々よれよれで、うわぁなんだかかっこわるいーと思ったのが印象的です。それで時計とかバックだけはすごいブランド物だったのが余計にちぐはぐでした」
(か/漫画家)

「所用で東京地裁に行ったとき、若い弁護士の人が依頼人と深刻な顔をして打ち合わせをしているのを見て、萌えてしまいました」
(ハル/その他)

通りすがりのスーツさんにドラマを感じれば、一人前のスーツウォッチャー!

見慣れた彼に、ときめいて!

「私の働いている所がスポーツクラブなものでして、普段社員さんはみなジャージ族なのですが、会社への行き帰りは必ずスーツでないと駄目なので、そのギャップにひとり萌えてます。インストラクターさんは胸板が厚かったり、ケツが引き締まってたり、足や手が長かったり、姿勢がよろしいので、スーツが似合うんですよ(萌)」
(める〜/漫画家)

良いスーツは良いカラダから。充実したスーツライフを楽しんでらっしゃるようで……(笑)。

「いつも遊んでいる男の子が、ある日ダークなスーツでやってきた時はドキッとしました。『わーかっこいい』とちゃかした後で『上司の葬式帰りだから……』と言われたときの申し訳なさと……スーツで伏し目がちな佇まいに思わず萌えたのは……スミマセン内緒です」
(二越としみ/漫画家)

「同窓会で男性陣がホストクラブごっこをしてくれて現実を忘れそうになりました……」
(かづき湯宏/学生)

「学生の頃、新卒の細面+メガネの担任が、走るたびにジャケットの裾をヒラヒラさせていたことが印象的。何が見えるわけでもないのですが、エロいなぁと思いました」
(ISHIKYO/会社員)

心の目で熱く見つめれば何かが見えるかも!? さあ、今すぐ眼力アップの特訓だ〜!

誰の心にも、揺るぎない真実がある
あなたにとって「スーツ」とは？

ある人にとっては野に咲くの花のように安らぎを与えてくれ、またある人にとっては眩い太陽のように道を照らし出してくれるモノ♥

この質問については、多くを語る必要はないでしょう。人はみな、心の中に、自分だけのスーツ像を大切にしまってあるものです。「男の戦闘服」というご意見が多かったものの、「癒し」や「潤い」、「色気」を求める声も多数いただきました!! サンキュー

純情系

「ラッピング。包み隠していることで、中身がさらにステキに見える」
（田中見来／漫画家）

「守り続けたい文化」
（水沢充／漫画家）

「私服を見るまでの幻想みたいなものでしょうか」
（cyclo／会社員）

「三種の神器のひとつ」
（テリポ／その他）

「人の体のおよそ7割を占める水のようなもの。必要不可欠。夏場は水不足が目立ちますよ。暑くてもちゃんとネクタイとスーツを着用してください」
（しょうこ／学生）

「人生という道に咲く癒しの花。大輪ではないけど多くの心を鷲掴み」
（みや／会社員 ほか）

「目の保養」
（よっしー／学生 ほか）

「またたび……かな」
（ニャラ／会社員）

「オアシス」
（かづき湯宏／学生 ほか）

「この世になくてはならないもの。素晴らしい妄想の世界へ連れて行ってくれるもの」（雪／会社員）

「日常に潜む素敵アイテム」
（矢咲サナエ／漫画家）

「メガネをかっこよくするアイテム♪」
（ヒラバ／その他）

「着た人間を、ちゃんとした人間らしく見せる魔法のツール」
（ボヤッキー／会社員）

軟派系

「表裏一体……乱して、乱れてなんぼ、みたいな」
（浅葱洋／漫画家）

「萌えの呪詛が織り込まれた鎧（笑）」
（谷瀬弥生／漫画家）

「日常にあるちょっとした萌え材料」
（桜井綾／漫画家 ほか）

「心の栄養剤。萌えの促進剤」（かおりん／ライター）

「モエイテム（萌えアイテムの略）」
（檜山弘／漫画家）

「潤い。夢。生き甲斐。なかったら人生が色褪せます……」
（藤袴撫子／漫画家）

「着てこそのエロス」
（ジイン／イラストレーター）

「媚薬？栄養剤？そんな感じです」
（やんやん／主婦）

「男のペアルック」
（九州男児／漫画家）

「紳士淑女、おっさんの嗜み」
（寿麿みる／漫画家）

「いろいろな萌えとコンボが組める素晴らしい武器」
（高渡あゆみ／漫画家）

「オトコマエ度割増のコスチューム」
（紅鈴芽／漫画家）

「男性の外見をチェックする際の重要項目」
（美浦吉野／会社員）

硬派系

「全体主義の象徴」（姫心重機／イラストレーター）

「奴隷の証」
（姫野かげまる／漫画家）

「制服に次ぐ戦闘服かつ迷彩服かつ拘束服」
（洋武／漫画家）

「機能美」
（龍胡伯／漫画家）

「業」
（藤井／主婦）

「人類が発明した何より優秀な拘束具」
（やと／自由業）

「戦闘服」
（冬凪れく／漫画家 ほか）

「男の色気を際立たせる勝負服」
（碧門たかね／漫画家 ほか）

「冠婚葬祭のお供」
（かんちょう／漫画家）

「男性の内面を見る事のできるアイテムのひとつ」
（かじやま悠／漫画家）

「TPOによっては、最低限の礼儀だと思います。去年騒がれた某・元社長……買収商談時にTシャツはないだろ」
（ケンケン／会社員）

「制服」（※／漫画家 ほか）

「仕事着」
（フクロウ／漫画家 ほか）

「仕事とプライベートを分ける境界線。大人と子供の境界線」
（神人まりも／漫画家）

「奥が深いです。楽なのか、知識のいる洋服なのか……。深いです」
（平キイ子／自由業）

魂をくすぐる作品紹介

まんが編　Comic

『キス』
（花とゆめCOMICS）
マツモトトモ・著

スタイリッシュスーツ度 ★★★★☆

　マツモトトモが描く年の差カップルのラブストーリー。女子高生のカエと、彼女にピアノを教えている五嶋。「子供以上大人未満」のカエはピアノの先生である五嶋と付き合っているが、「7歳」という年の差は彼女を不安にさせる──。主人公カエのセーラー服姿と、正統派のスーツスタイルではないが、ジャケットスタイル（もちろん黒）でクールにキメる五嶋のツーショットに萌えること請け合いの一作。五嶋の勤務先であるピアノ教室には、（性格がおかしいけど）スーツをダンディに着こなす店長や店員がおり、彼らのスーツも拝めます。スタイリッシュな五嶋の姿に悩殺されること間違いなし。サラリーマンスーツは食べ飽きた……という人にもオススメ!!

『最後のドアを閉めろ!』
（ビーボーイコミックス）
山田ユギ・著

リーマンスーツ度 ★★★★★

　サラリーマンスーツ（もちろんストーリーも）を描かせたら右に出る者なし！の山田ユギが描く人気シリーズ。仕事ができて、カッコよくて、「社内結婚したいランキング」で4年連続No.1という永井篤（27歳・独身）。モテモテ街道をばく進中……かと思いきや、後輩の斉藤（オトコ）に大学時代から想いを寄せていた。しかし、その斉藤が結婚することになり、荒れる永井は結婚式で意気投合した本田（これまたオトコ）と、酔っぱらってうっかりホテルへ。しかし翌日、「嫁に逃げられた」と斉藤が泣きついてきて……!? 可愛いオレ様の永井、(意外に純情)イケメン本田、キュートだけど魔性(?)の斉藤。3人のサラリーマンたちが繰り広げるトライアングル(?)ラブ!!

『BLACK LAGOON』
（サンデーGXコミックス）
広江礼威・著

マフィア系スーツ度 ★★★★★

　ロックこと岡島緑郎は、海外出張の際、会社の機密ディスクとともにラグーン商会という「運び屋」組織に拉致される。紆余曲折を経てメンバーに加わった彼は、裏の世界へ足を踏み入れることに。会社を辞めてもリーマンスーツを着用するロックの姿はもちろん、続々登場する各国マフィアの「悪党」系スーツも見ものだ。

『のだめカンタービレ』
（講談社コミックスKiss）
二ノ宮知子・著

オレ様スーツ度 ★★★☆☆

　桃ヶ丘音楽大学ピアノ科に通う「のだめ」こと野田恵。強烈な個性の持ち主である彼女が恋したのは、同じ学校のピアノ科の先輩・千秋真一だった。ピアノの腕は天才級・中身は変態の「のだめ」に振り回されながらも、徐々に彼女のペースに巻き込まれていく千秋だが!? 音楽家である千秋のテイルコート姿に萌える一本！

萌え心を満たす素敵スーツが登場する作品をジャンルごとにご紹介！
スーツとの出会いに飢えたアナタの心を満たす厳選16作品!!

小説編　Novel

『レディ・ジョーカー』
（毎日新聞社）
髙村薫・著

ストイックスーツ度 ★★★★☆

ハードボイルドはスーツキャラの宝庫だけど、乙女の絶大な支持を集めているのが髙村薫作品の数々。容赦のない筆致でねっとりと描き込まれた作品にはイイ男もアブナイ男もてんこ盛りで、胸をかきむしられるようなハードな内容なのに、なぜか別の意味で胸が高鳴ってしまう♥　本書は合田刑事が登場するシリーズの一作。合田と義兄の加納検事の触れ合いが（腐女子的には）ひとつの見どころなわけだけど、この加納がじつにマメな男で、「君は下手だから、肩のところだけ」とか言いつつ合田のワイシャツにアイロンをかけてやる始末。もちろん靴の汚れやネクタイにも目を光らせてます。エリート検事が「男の身だしなみ」にかける情熱、とくとご覧あれ～！

『プラチナ・ビーズ』
（集英社文庫）
五條瑛・著

セクシースーツ度 ★★★★★

米国防省の情報機関に属する下っ端アナリスト・葉山を主人公に描いた「鉱物」シリーズの第1作目。ウジウジした性格の葉山が、性格の悪い上司や同僚たちに、よってたかって可愛がられつつ、力強く成長してゆく物語です（多分・笑）。本作で注目したいのは、葉山の上司・エディ。典型的WASPのエリート軍人で、有能かつ傲慢。反抗的な葉山を威圧するために、わざわざ彼のネクタイの結び目にその美しい指を突き入れ、優雅に脅しをかけながら完璧に結び直してみせるという性格の悪さ！　地位も能力も上の人間からそんな風に弄ばれる葉山に同情しつつも、エディのあまりのイヤらしさに「きゃー、もっと葉山をいたぶって！」と叫ばずにはいられないはず！

『一八八八　切り裂きジャック』
（角川文庫）
服部まゆみ・著

耽美スーツ度 ★★★★☆

切り裂きジャックによる連続殺人が世間を騒がせていたころのロンドンを舞台に、医学留学生・柏木と、その友人で成り上がり男爵の放蕩息子・鷹原（美青年!）の活躍を描いた秀逸なミステリー。ヴィクトリア朝の風物を華麗に描き出した重厚なストーリーには、どこか背徳的な匂いがいたします♥

『ミーナの行進』
（中央公論社）
小川洋子・著

ダンディスーツ度 ★★★★☆

家庭の事情で叔母の家に預けられることになった朋子。大きな洋館にはドイツ人のおばあさんやお手伝いさん、病弱な従姉妹ミーナが暮らしていて──。30年ほど前の芦屋を舞台にした美しい物語だけど、ここでの注目は会社社長のハンサムな叔父さま♥　服の選び方から立ち居振る舞いまで、超・ジェントルです。

Chapter.4 Maniac

アニメ編　Animation

『THE ビッグオー』
（バンダイ・ビジュアル）
キャスト：宮本充／矢島晶子 ほか

レトロスーツ度
★★★★☆

　歴史や知識など、40年以上前の記憶をすべて失った街「パラダイムシティ」。その街でトラブル解決の仕事を請け負うひとりの男がいた。彼の名はロジャー・スミス。凄腕のプロのネゴシエイター（交渉人）だ。過去の記憶を失いながらも、ようやく再建されはじめたパラダイムシティの秩序を守るため、ロジャーは巨大ロボット「ビッグオー」を操り事件を解決してゆく。ダブルのブラックスーツに、黒地に白のラインが入ったオシャレなネクタイ、さらにジャケットを脱ぐとサスペンダーがあらわになり、オトコのこだわりが薫る。
　レトロな絵柄のアメコミのような躍動感が見事にマッチしたオトナのためのロボットアニメ。

『ウィッチブレイド』
（ソニー・ピクチャーズエンタテインメント）
キャスト：能登麻美子／小山力也 ほか

秘書スーツ度
★★★★★

　古代から伝承される最強の武器「ウィッチブレイド」の装着者として選ばれてしまう天羽雅音は、その力を求めるふたつの巨大組織（導示重工とNSWF）の争いに巻き込まれることに。娘との穏やかな生活を望んでいた彼女だが、ウィッチブレイドのもつ闇の力と過酷な運命に否応なく翻弄されてゆく――。というわけで、プッシュしたいスーツ君といえば、導示重工特殊機局の局長秘書を務める瀬川さん。綺麗好きで几帳面、一見人当たりのよいスーツ眼鏡君ですが、じつはけっこう冷たい人なのでは？と思わせるシーンがちらほら。オトナの男性が数多く登場するため、さまざまなタイプのスーツも見られるぞ。ぜひ好みのスーツ君を探して！

『BLOOD+』
（ソニー・ピクチャーズエンタテインメント）
キャスト：喜多村英梨／小西克幸 ほか

美系スーツ度
★★★☆☆

　異形の姿をもちながら人に擬態する不老不死の生き物「翼手」と、翼手を殲滅するために結成された謎の組織「赤い盾」の闘いを描くアクションアニメ。赤い盾の若い長官ジョエルに構成員のデヴィッド、後に味方となる超絶美形のソロモンやマッドサイエンティストのアルジャーノンなど、オトナのスーツに萌える1本。

『ブラック・ジャック』
（エイベックス・マーケティング・コミュニケーションズ）
キャスト：大塚明夫／水谷優子 ほか

シュールスーツ度
★★★★★

　巨匠・手塚治虫原作の医療コミックのアニメ版。無免許の天才外科医ブラック・ジャックを主人公に、助手のピノコやドクター・キリコほか、個性的なキャラクターたちが繰り広げる命のドラマ。ブラック・ジャックのブラックスーツにワインレッドのリボンタイ姿、ドクター・キリコのアスコットタイ姿は必見！

ドラマ・映画編　Movie/Drama

『コンスタンティン』
映画
（ワーナー・ホーム・ビデオ）
監督：フランシス・ローレンス
出演：キアヌ・リーブス／レイチェル・ワイズ ほか

萌えキュンスーツ度
★★★★★

　超常現象を専門に扱う私立探偵のジョン・コンスタンティン。末期の肺ガンに冒された彼は、過去に2分間だけ成功した自殺の罪により、死後、自分が地獄へ送られることを知る。そこで天国へ行くために罪を購おうと、人間界に潜む悪魔を地獄へ送り返していた。そんななか、何者かの陰謀により天国と地獄の均衡が崩されようとしていた。否応なく戦いに巻き込まれていくコンスタンティンだが……!? ダークスーツに白のワイシャツ、黒のネクタイを無造作に締め、オトコの色気を垂れ流すキアヌ・リーブスにメロメロ〜のひと言に尽きる本作。地獄のルシファー、天国のガブリエルらもスーツで登場する、スーツ好きにはたまらない一作だ。

『踊る大捜査線』シリーズ
TVドラマ
（フジテレビ）
監督：本広克行
出演：織田裕二／柳葉敏郎 ほか

階級社会スーツ度
★★★★☆

　脱サラして警察官になった青島俊作は、晴れて刑事となり希望を胸に赴任先へ向かうが、そこで目の当たりにしたのは、本店（警視庁）と支店（所轄）、キャリアとノンキャリアという、警察組織の鉄の「階級社会」だった。トップとヒラでは身につけるスーツや小物が当然（給料などの面からも）変わり、スーツをさまざまな角度から楽しむことができる。主役の青島はヒラ刑事らしく特徴のないスーツに米陸軍の放出品であるコートを着用し、キャリア組でありながら青島の盟友となる室井は、常に三つぞろい姿で時計や靴など身につける小物も高級品ばかり。キャリアとノンキャリアの着こなし研究にも、もってこいのオススメ作品。

『高慢と偏見』
TVドラマ
（アイ・ヴィー・シー）
監督：サイモン・ラングトン
出演：コリン・ファース／ジェニファー・エイル ほか

クラシックスーツ度
★★★★★

　18世紀末から19世紀にかけてイギリスで活躍した作家、ジェーン・オースティン原作の人間ドラマ。知性と強い意志をもつ主人公のエリザベスは、高慢な紳士ダーシーに反発を覚えながらも惹かれていく。19世紀のイギリスの貴族階級の服装が忠実に描かれる本作。フォーマルスーツの資料としての価値もバッチリ！

『ラブ・アクチュアリー』
映画
（ユニバーサル）
監督：リチャード・カーティス
出演：ヒュー・グラント／アラン・リックマン ほか

本場スーツ度
★★★★☆

　クリスマス目前のロンドンを舞台に、19人の男女が織りなすロマンティックな恋模様を描く。スーツの本場イギリスが舞台とあって、正統派ブリティッシュスーツはもちろん、ジャケット、フォーマルとさまざまなスタイルが楽しめる。冬の寒さが厳しいイギリスでのスーツの着こなしは、ウォームビズの参考にもなるかも!?

Chapter.4 Maniac　129

［お役立ち☆スーツ図解］

スーツの各パーツの基礎を復習！これを読めば、あなたもにわかスーツ博士になれる！(……に、にわか!?)

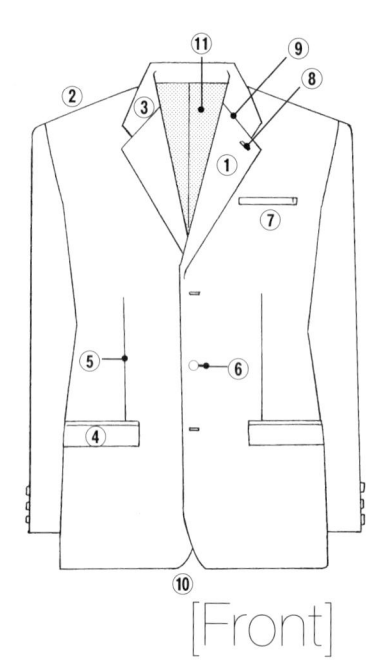

Jacket ジャケット

[Front]

① **ラペル**…下襟のこと。「ノッチドラペル」「ピークドラペル」「セミノッチドラペル」などが代表的。

② **ショルダー**…ジャケットの肩部分。全体のシルエットを左右するため、フィッティング時に最初に合わせる。

③ **カラー**…上襟のこと。バリエーションは、あまり豊富ではない。

④ **腰ポケット**…ジャケットの腰部分につくポケット。飾りとしての要素が高い。

⑤ **フロント・ダーツ**…ウエストを絞るための「つまみ縫い」。

⑥ **ボタン**…ジャケットの前合わせにつくボタン。ボタンの数は流行によって変わるが、2、3個が一般的。

⑦ **胸ポケット**…ジャケットの胸部分につくポケット。飾りとしての要素が高いが、状況によってはポケットチーフを挿す。

⑧ **ラペルホール**…ラペルにあけられた小さな穴。社章などのピンバッチを挿すことが多いが、もともとは花を挿すための穴だった。別名「フラワーホール」。

⑨ **ゴージ・ライン**…ラペルとカラーの縫い合わせ部分。

⑩ **フロント・カット**…前身ごろの裾のカッティング。

⑪ **裏地**…ジャケットの内側につける裏地。保温効果や吸汗効果がある。

[Back]

⑫ **バック・シーム**…背中の縫い目。

⑬ **ベント**…ジャケットの後ろ身ごろの裾に入る切れ込み(スリット)のこと。

⑭ **カフ**…ジャケットの袖部分。ボタンが開閉できる「本切羽」と、見せかけだけの「開き見せ」がある。

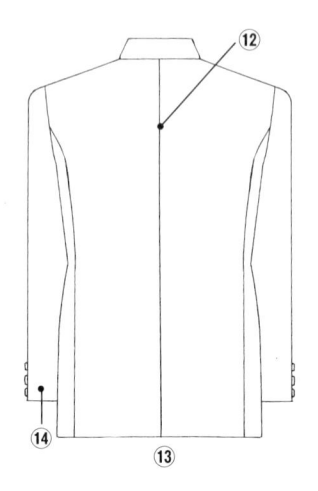

Pants
ズボン

[Front]

① **フライ**…パンツのフロント（前立て）部。比翼仕立てが一般的で、ファスナーとボタンの2種類ある。
② **ベルトループ**…腰回りにつけられた、ベルトを通すための輪っか。
③ **タック**…腰回りに余裕をもたせるためのヒダ。
④ **脇ポケット**…ズボンの脇についたポケット。
⑤ **センタークリース**…足の中心部にある折り目。

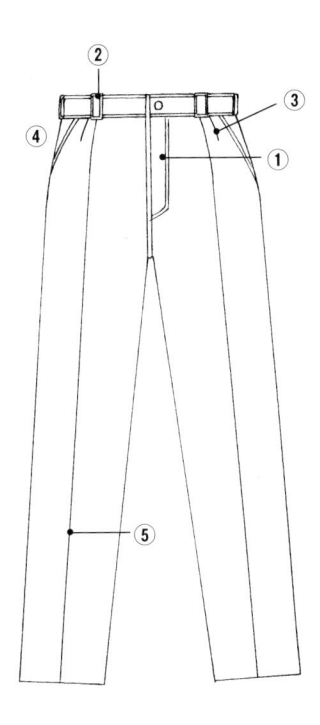

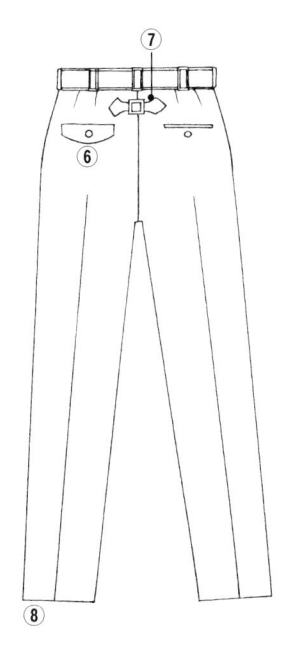

[Back]

⑥ **ヒップポケット**…ズボンのお尻につくポケット。
⑦ **バックストラップ**…「尾錠」とも呼ばれる。アイビーパンツの後部につけられていたが、最近はついていないものが多い。
⑧ **カフ**…裾の折り返しがないものは「シングルカフ」、折り返したものを「ダブルカフ」という。

Chapter.4 Maniac

Dress Shirt
ワイシャツ

①**カラー**…ワイシャツの襟。開きの角度などいろいろな種類があり、ネクタイの結び方などで使い分ける。
②**フロント**…ボタンを留める部分。「前立て」とも。「表前立て」と「裏前立て」に大別される。
③**カフ**…ワイシャツの袖口。「シングルカフ」と「ダブルカフ」に分けられる。
④**襟腰**…襟の折り返しより下の部分。
⑤**裾**…ワイシャツの裾部分。「スクエアボトム」と「テイルドボトム」がある。

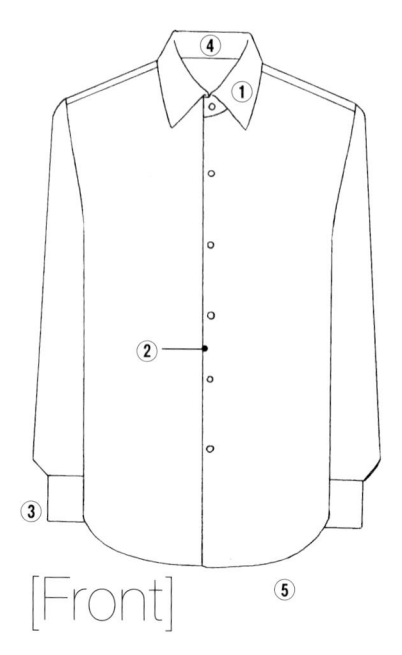

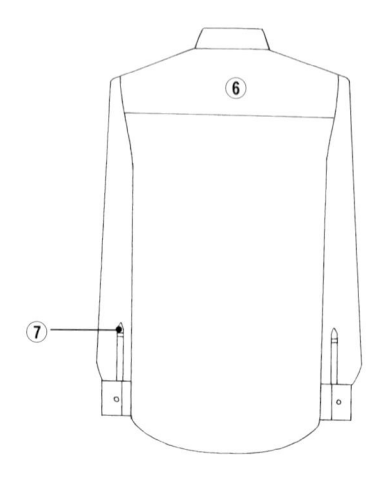

[Front]

[Back]

⑥**ヨーク**…肩から背中にかけてつけられた切り替え布。
⑦**剣ボロ**…袖口の開閉を行う部分。

[お役立ち☆スーツ図解]

Shoes
紐付き短靴

① **トウ**…靴のつま先部分。さまざまなデザインがあり、靴の先端に横線を入れて切り替えデザインを施した「ストレートチップ」はフォーマルシーンでもビジネスシーンでも使える万能タイプ。トウの部分に縫い目などがない「プレーントウ」はもっともオーソドックスなデザインでビジネス向き。トウの部分のつま先がU字型に切り替えられた「Uチップ」はカジュアル向き……などタイプによって履くべきシーンが変わる。

② **タン**…靴紐の下に取りつけられた革。牛の舌に似ていることから「タン」と呼ばれる。

③ **アッパー**…靴の甲全体を指す。

④ **レースステイ**…靴紐を通す部分で「羽根」とも呼ばれる。「内羽根式」と「外羽根式」がある。

⑤ **シューレース**…靴紐のこと。丸ひもはドレッシー、平紐はカジュアル向き。紐の通し方にもいくつかパターンがある。

⑥ **シャンク**…土踏まず部分のことで、フィッティングを左右する。「アーチライン」とも言われる。

⑦ **ヒール**…靴のかかと部分。

⑧ **ソール**…靴の底部分を指す。「シングルソール」はもっともオーソドックスなタイプで一重のソール、「ダブルソール」は二重にしたもの。

Confer

ストレートチップ
もっともフォーマル度が高い靴。フォーマル、ビジネスともに使える。

プレーントウ
オーソドックスな靴のタイプ。ストレートチップの次に格式が高い。

Chapter.4 Maniac

用語集

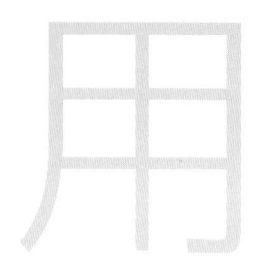

アタッシェケース【あたっしぇけーす】
書類を折り曲げることなく収納できるビジネスバッグのひとつ。弾丸も通さない超ハードタイプから、人を殴っても壊れない程度のソフトタイプがある。「アタッシュケース」と間違われることが多いが、正しくは「アタッシェケース」。

ウォームビズ【うぉーむびず】
環境省が提唱する、地球温暖化防止対策の一環。暖房時のオフィス内の室温を20度に設定し、防寒対策にはスーツの中にベストやセーターなどを着て保温効果をあげるなど。重ね着なので基本のスーツスタイルを崩さないため、スーツウォッチャーからはおおむね好評。

エコスーツ【えこすーつ】
環境にやさしい素材を使ったスーツ。またはスーツのジャケットが半袖になったもの。クールビズの前身だが一般には広まず、胸をなでおろした国民も多いことだろう。半袖タイプのエコスーツ着用者で有名なのは羽田孜元首相。

カジュアルスーツ【かじゅあるすーつ】
男性がビジネス以外で着用するスーツのこと。ビジネススーツに比べてくだけた印象。職業によってはビジネスで着用する人もいる。

カフ【かふ】
一般的には、ワイシャツやジャケットの袖口のこと。スーツウォッチャーの中には「袖口から覗く手首」に萌える人も多いため、注目度が高い。カフリンクスなどのアイテムでさりげなくお洒落をしておくと一目置かれるはず。

カフリンクス【かふりんくす】
ワイシャツの袖のボタンホールを繋ぐお洒落アイテム。ここを見て、その人の趣味やステイタスを想像するのも楽しい。日本では「カフスボタン」と呼ばれることが多いが、これは間違い。

靴下【くつした】
足に履く衣類の一種。普段はズボンに隠れて見えないが、足を組んだ時にちらりと見えるため、センスが問われるアイテム。黒や茶系などの色合いが合わせやすい。白靴下やカラフルな色合いの靴下を選ぶのは言語道断。

クールビズ【くーるびず】
環境省が提唱する、地球温暖化防止対策の一環。夏はジャケットを脱いでネクタイを外すなどの涼しい服装にして、オフィス内の室温を28度に抑えようという試み。勘違いした格好も多く、スーツウォッチャーの憎悪の的。

サスペンダー【さすぺんだー】
ズボンを吊すためのベルトで、立ったときにズボンのラインを美しく見せることができる。何かのプレイで縛るものではない。むろん、ピシッと肌にあてて痛めつけるためのものでもない。

3割増し【さんわりまし】
通常の状態よりも3割よく見えるということ。スーツ着用前=「普通」から、スーツ着用後=「凛々しく」というようなかたち。当然のことながら、スーツを脱げば3割引かれるため、相手に対するトキメキもなくなる。

締める【しめる】
固く結んで緩まないようにすること。主にネクタイに使われ、「ゆるめる」仕種と並び、萌える仕種の横綱。

ジャケットスタイル【じゃけっとすたいる】
ジャケットとズボンが共布のスーツスタイルとは違い、ジャケットにズボンを自由に組み合わせるスタイル。「ツイードジャケット」や「ブレザー」などが代表的。

社交界【しゃこうかい】
上流階級の紳士淑女が集まり、正装や礼装でドレスアップして交流する場。ウィーンやパリが有名。

シングル【しんぐる】
独身者のことではなく、フロントのボタンの配列が1列になった、シングルブレステッドの略。

スライドファスナー【すらいどふぁすなー】

男性のズボンのフロント部分は、ファスナーとボタンの2種類がある。どちらのタイプも、フロントが開いているのを見つけてしまった場合、注意の仕方に躊躇することは間違いない。

戦闘服【せんとうふく】
戦闘時に着る服のこと。一般的には軍隊の野戦服などを指すが、「スーツは男の戦闘服」と言われるように、ビジネスシーンという戦場ではスーツがそれにあたる。

タイバー【たいばー】
ネクタイがヒラヒラするのを防ぐため、ワイシャツに留めるための実用品だが、胸元のお洒落アイテムとしても人気。

ダブル【だぶる】
アイスの2段重ねではなく、フロントのボタンの配列が2列になった、ダブルブレステッドの略。

ダンディー【だんでぃー】
服装や態度が洗練されている男性のことやさま。

ディンプル【でぃんぷる】
ネクタイの結び目の下にできる「くぼみ」のこと。美しいディンプルを作るためには、日頃の練習が必要。

手袋【てぶくろ】
礼装時に手に持つか、はめるために用い。TPOによって色や素材も使い分けなければならない。また一昔前のイギリスなどでは、自身の名誉を傷つけられた場合、相手に対して手袋を叩き付ければ決闘の申し込みになった。

ネクタイ【ねくたい】
首や襟のまわりに巻いて前で結ぶ帯状または紐状の装飾布。お洒落や個性を主張しづらいスーツスタイルにおいて、堂々と主張することができる重要なパーツだが、逆にセンスを問われることも──。萌えに不可欠なアイテムの代表格。

ノーネクタイ【のーねくたい】
スーツスタイルにおいては必要不可欠ともいえるネクタイを、締めない状態。愚の骨頂。

半袖シャツ【はんそでしゃつ】
本書では半袖のワイシャツを指す。スーツスタイルにおいては邪道。

ビジネススーツ【びじねすすーつ】
男性がビジネスで着用するスーツのこと。ジャケットとズボンの「ツーピース」、さらにベストを加えた「三つぞろい」などがある。

ビジネスマン【びじねすまん】
本来は実業家の意味だが、日本では会社に勤める男性の総称として使われている。

ブラックスーツ【ぶらっくすーつ】
日本では冠婚葬祭用の礼服として定着している黒のスーツ。葬式はともかく、黒のスーツに白いネクタイを「礼服」として扱うのは日本だけで、世界的には裏社会の服装としての印象が強い。結婚式で黒のスーツを着る場合は、ネクタイを白以外の明るい色にするなど工夫が必要。

フォーマル【ふぉーまる】
「正式」や「本式」などの意味。ここではフォーマルウエアの略で、セレモニーなどで着る礼装を指す。

ベスト【べすと】
ジャケットの下に着る袖のない胴着。「ベスト」はアメリカ式の呼び方で、イギリスでは「ウエストコート」と呼ぶ。

ベルト【べると】
ズボンを胴に固定するための道具。スーツスタイルにおいてお洒落アイテムのひとつ。乙女の脳内では、何かのプレイの道具としても使われる。

帽子【ぼうし】
スーツに合わせる場合は主に礼装時にかぶり、「シルクハット」や「ホンブルグハット」「ボーラーハット」などがある。日本ではあまり見かけないが、年配の紳士が粋にかぶっている姿は美しい。

ポケットチーフ【ぽけっとちーふ】
ジャケットの胸ポケットに挿すハンカチ。フォーマルには欠かせないアイテムだが、折り方によってはビジネスにもOK。「ティービーフォールド」「スリーピークス」「パフドスタイル」ほか、折り方の種類は豊富。

三つぞろい【みつぞろい】
共布で作られたジャケット、ズボン、ベストがひと揃いになったもので、イギリスで「スーツ」といえば、三つぞろいのことを指す。ウォームビズの一環として、日本でも人気が復活してきている。別名「スリーピース」。

メガネスーツ【めがねすーつ】
メガネをかけたスーツの男性のこと。「眼鏡萌え」と「スーツ萌え」のふたつの「萌え」を合体させた、最強装備。

萌え【もえ】
人でも物でも仕事でも、自分が興味を持っている「何か」に対する、溢れんばかりの愛。また、それに対して興奮し、トキメキを覚えること。たとえば、スーツのことを考えて幸せな気持ちになれたり、素敵なスーツ男子を見て幸せな気持ちになれる人は、立派な「スーツ萌え」。

ゆるめる【ゆるめる】
締めつけていた力を弱くする。主にネクタイに使われ、「萌える」仕様の代表格となっている。

リボンタイ【りぼんたい】
ひもタイの一種でリボン結びをする。「ブラック・ジャック」が有名。
日本ではめったにお目にかかれないが、パブリックスクールやプレップスクールなどのお坊ちゃん学校、しかも年少さんたちの制服で使われているようなイメージがある。

ワイシャツ【わいしゃつ】
男性がスーツの下に着るシャツの総称。英語の「White Shirt（ホワイトシャツ）」が訛ったもの。アメリカでは「ドレスシャツ」という。

参考文献

『イギリスの紳士服』ハーディ・エイミス 著　森秀樹 訳(大修館書店)
『[カラー版]世界服飾史』深井晃子 監修(美術出版社)
『華族たちの近代』浅見雅男 著(NTT出版)
『華族誕生――名誉と体面の明治』浅見雅男 著(リブロポート)
『靴からタキシードまで』「紳士」と呼ばせる服装術』落合正勝 著(小学館)
『皇室御用達ものがたり』日本文化再発見研究室 著(祥伝社)
『皇族・華族　古写真帖　愛蔵版』(新人物往来社)
『紳士の小道具』板坂元 著(小学館)
『紳士の服装』林勝太郎 著(小学館)
『図説ヴィクトリア朝百貨事典』谷田博幸 著(河出書房新社)
『増補改訂版　図説シャーロック・ホームズ』小林司・東山あかね 著(河出書房新社)
『ファッションデザインテクニック―デザイン画の描き方―』(グラフィック社)
『フォーマルウェアスタンダーズマニュアル』(日本フォーマルウェア協会)
『むかしのおしゃれ事典』文学ファッション研究会 著(青春出版社)
『ラピタ・ブックス』『洋服の話』服部晋 著(小学館)
雑誌『FINEBOYS+Plus SUIT』(日之出出版)
雑誌『Gainer』(光文社)
雑誌『MEN'S CLUB』(アシェット婦人画報社)
雑誌『MEN'S EX』(世界文化社)
雑誌『THE SUIT CATALOG』(祥伝社)
雑誌『オーシャンズ』(インターナショナル・ラグジュアリー・メディア)

著　者	スーツ向上委員会
発行所	株式会社 二見書房 東京都千代田区神田神保町1-5-10 電話　03(3219)2311【営業】 　　　03(3219)2316【編集】 振替　00170-4-2639
企画・編集	白崎伸枝／山本佳保里
ブックデザイン	秋山美保
DTPオペレーション	横川浩之
制作進行	船津歩（二見書房）
印　刷	図書印刷株式会社
製　本	図書印刷株式会社

落丁・乱丁本はお取り替えいたします。定価は、カバーに表示してあります。

©SUIT KOHJOH IINKAI,Printed in Japan.
ISBN978-4-576-06110-8
http://www.futami.co.jp